U0182363

北京市科学技术协会科普创作出版资金资助

云计算

信息社会的基础设施和服务引擎

梅宏　金海　主编

中国科学技术出版社

·北　京·

图书在版编目（CIP）数据

云计算：信息社会的基础设施和服务引擎 / 梅宏，金海主编 . —北京：中国科学技术出版社，2020.8

ISBN 978-7-5046-8289-5

Ⅰ.①云… Ⅱ.①梅… ②金… Ⅲ.①云计算 Ⅳ.① TP393.027

中国版本图书馆 CIP 数据核字（2019）第 095358 号

策划编辑	郑洪炜	
责任编辑	郑洪炜	
封面设计	锋尚设计	
正文设计	中文天地	
责任校对	邓雪梅	
责任印制	马宇晨	

出　版	中国科学技术出版社	
发　行	中国科学技术出版社有限公司发行部	
地　址	北京市海淀区中关村南大街 16 号	
邮　编	100081	
发行电话	010-62173865	
传　真	010-62173081	
网　址	http://www.cspbooks.com.cn	

开　本	880mm×1230mm　1/32	
字　数	192 千字	
印　张	9.375	
印　数	1—5000 册	
版　次	2020 年 8 月第 1 版	
印　次	2020 年 8 月第 1 次印刷	
印　刷	北京博海升彩色印刷有限公司	
书　号	ISBN 978-7-5046-8289-5 / TP·414	
定　价	80.00 元	

序

如果要评选 21 世纪前 20 年里最有热度、最具影响力的信息技术，我相信云计算一定名列前茅。

2006 年被认为是云计算发展元年。10 多年来，云计算在技术和产业方面都取得了巨大的进展，成为推动互联网创新的主要信息基础设施，并实实在在地走到了我们身边，与其他技术一起方便我们使用各种信息服务，真真切切地改变了我们的生活和工作。

2016 年，在第八届中国云计算大会上，我应邀做了演讲《云计算：这 10 年》，小结"云涌 10 年"。我把 10 年的发展分成三个阶段：2006—2010 年为"概念探索期"，这是一个众说纷"云"的阶段，业界关注的焦点在于讨论云到底是什么；2010—2015 年为"技术落地期"，此时业界基本上已对云计算的概念形成共识，开始推动云计算的大众化应用；2015 年，第三阶段"应用繁荣期"开启，各领域、各行业都在基于云计算提供特定云服务、支撑云应用，推动云计算的发展进入新的时代。现在看来，我对云计算应用进入应用繁荣期的判断还算是准确的。

可以预见，在未来很长一段时期，云计算仍然会是信息领域的重要创新引擎，依然拥有很大的发展空间和美好的发展前景，并将越来越深入且又润物无声地影响人类社会的方方面面，影响我们每一个人。

云计算在 10 多年间一直是全球信息科技领域关注的焦点，既是学术界研究的热点领域，更是产业界厮杀的激烈战场，其产业发展风云变幻，科技创新层出不穷，更不乏让人或热血沸腾或扼腕叹息的创业故事。很多人都会非常好奇：云计算为什么具有如此魔力？它到底是什么？它是如何产生的？又将走向何方？它的发展有什么规律？又有什么教训和启示？它如何和我们的日常生活关联？虽然云计算的相关资料汗牛充栋，但很多资料的技术性和专业性过强，又缺乏系统性的描述和规律性的分析，对于绝大多数普通读者而言，理解起来有困难。

本书是一本科普性质的图书，试图面向广大读者，用通俗易懂的语言对云计算进行全方位的、深入浅出的介绍。本书不仅对现有资料进行汇集整理和重新阐述，还力图给出一些具有独特视角的认识和富有深度的洞察，希望读者读后不仅能收获答案和知识，更能获得感悟和启迪。

全书共分为七个章节。首先是云定义和云发展，介绍了什么是云计算；描述了云计算的实际应用场景、云计算的核心技术、云计算的地位和影响；总结和回顾了云计算从最初的概念探索期，经技术落地期，进而走向应用繁荣期的发展历程。然后是云世界、云中国和云应用，云世界讲述了世界范围内一些关键思想与技术的产生及其对云计算发展所带来的影响，特别是"软件定义"这一云计算使能技术的来龙去脉；云中国从多个维度描述了云计算在中国的发展情况和特点；云应用则介绍了以行业云和城市云为主题的多个云应用案例。最后是云未来和云机遇，探讨了云计算的未来发展趋势，以及面临的挑战和机遇。

细心的读者读完后也许会有疑惑：似乎在云计算的诸多核心关键技术中，来自国内的引领性原创技术少之又少，主导云计算技术潮流走向的主要还是国外的机构及其研究人员。对此，我只能不无遗憾地回答：确实，现状就是这样。这从一个侧面反映了我国在信息技术领域与发达国家的基础性、综合性和长期性差距。应该说，虽然我国的从业人员已经足够努力，并且进步长足，取得了不少世界瞩目的成绩，特别是产生了世界级的应用和世界级的产业，但是在云计算核心技术的话语权方面，我们还是处于跟随者的地位。要改变这种现状，需要多方面、多环节的长期努力和提升，其中，教育和科普无疑是非常重要的内容，这也是本书作为一本科普读物写作的意义所在。我们希望向更多的人，特别是青少年，介绍云计算等先进信息技术，让更多的人关心并支持云计算事业的发展，吸引越来越多的青少年对此产生兴趣并投身进来。我们期待并有理由相信，未来来自中国的原创技术会越来越多，对世界的贡献也会越来越大。

本书的完成是团队努力的结果，作为主编，我希望利用这个机会感谢每一位为本书成稿作出贡献的同事：金海教授作为共同主编，对本书涉及的云计算核心技术与应用领域进行了梳理和总结；吴松教授对虚拟化和云平台相关的关键技术进行了梳理和总结；杨晓礼同学参与了本书主要素材的收集，并初撰了部分章节。出版社也为本书内容的"科普化"做了一定的文字加工工作。

谢谢每一位读者！由于编者的认知和能力局限，本书内容难免挂一漏万,一些总结和叙述可能会有失偏颇;亦由于本书的科普定位,一些概念解释从学术角度看难免不够严谨和准确。编写书籍是一项总会留有"遗憾"的工作,期待读者的反馈和批评,也许可以在重印或再版时弥补这些"遗憾"。

2019 年 5 月 20 日于北京

序 / 梅宏

引言 / 001

第一章　云定义 / 005

什么是云计算 / 007

云计算适用场景 / 022

云计算核心技术 / 029

云计算的地位 / 034

第二章　云发展 / 051

Cloud 1.0　概念探索期

　　　　　（2006—2010 年）/ 053

Cloud 2.0　技术落地期

　　　　　（2010—2015 年）/ 056

Cloud 3.0　应用繁荣期

　　　　　（2015 年至今）/ 060

第三章　云世界 / 067

两源之争 / 069

三云演义 / 075

软件定义一切 / 083

世界云计算市场 / 090

第四章　云中国 / 107

为什么要发展云计算 / 109

目录

中国云的特点 / 114

中国云计划 / 126

中国云企业 / 134

中国云的国际地位 / 164

第五章　云应用 / 169

行业云 / 171

城市云 / 199

目录

第六章　云未来 / 219

资源泛在化 / 221

计算边缘化 / 223

应用领域化 / 226

系统平台化 / 228

服务质量的提升 / 230

云挑战 / 232

第七章　云机遇 / 241

挑战与机遇并存 / 243

云时代的机遇 / 246

未来规划部署 / 252

尾声 / 267

参考文献 / 271

引　言

　　如果有这样一台计算机，无论在平常工作或工作高峰期，这台计算机的计算资源（处理器、网络带宽、内存和磁盘等）的利用率都稳定在 90% 左右。也就是说，计算资源利用率会根据工作强度进行弹性调整，始终能够满足需求，并且始终只有很少一部分的资源处于未被利用的闲置状态。

　　如果有这样一项技术，在日常的计算工作中，这项技术能够将某些计算机中的闲置资源提取并集中管理，并将其利用到其他计算资源不够的计算工作中，从而满足特定的计算需求。例如，当面临工作高峰期或突发性资源需求（如用户突发访问、节假日等）时，技术可为服务器分配适量的计算资源来保证服务质量。

　　如果有这样一种产品服务，这种服务强调产品的使用权，而不是所有权——公司订购这种服务无须购买或拥有这种产品，但能够随意使用，这也保证多人"共享"该产品成为可能。而且，公司在使用这种产品时可以按时付费——只需要对某个时间段内实际的使用量付费。在这种产品服务下，公司的成本开销会大大降低，但实际收益却不会减少，进而获得更多的净利润。

如果在2006年之前听到这些想法，我们可能会觉得这一切都不可思议，有点像天方夜谭。而如今，这台计算机、这项技术和这种服务都已变成了现实，实现这三者的关键就是云计算。何为云计算？云计算究竟有什么魔力，从概念产生到繁荣仅仅经历了短短十多年，就彻底地改变了传统信息产业？相信读完这本书，每个人都会找到自己的答案。那么，让我们一起去揭开云计算神秘的面纱吧！

第一章
云定义

本章主要分为四个部分：

第一部分，首先给予读者对于云计算最直观的感受，随后引出各机构在众说纷"云"时期对于云计算的不同定义。

第二部分向读者描述三个云计算技术运用的实际场景——业务搬迁、应用扩展和软件管理，从而引出相对于传统计算模式，云计算带来的一些颠覆性变化，以及为什么要使用云计算。

第三部分介绍一些云计算的核心技术：虚拟化、分布式数据储存、大数据管理、分布式并行编程模式、分布式资源管理和服务化。

第四部分论述云计算在互联网中的地位，列举了云计算与大数据、物联网和人工智能等热门技术的关系，并阐明云计算给信息产业带来的影响与变革。

什么是云计算

　　2006 年，美国亚马逊公司第一次向业界提供专业的云计算服务。

　　2008 年，云计算这一概念由谷歌公司在全球搜索引擎大会上首次提出，数年的众说纷"云"时期开始。

　　自此之后，云计算似一场狂风巨浪，席卷着互联网甚至现实世界的各个角落。如今，以"云计算"为关键词在搜索引擎上搜索，可以得到几千万条甚至几亿条结果。如在阿里云的官网首页进行大致浏览，各种相关概念（混合云、大数据、人工智能等）、应用产品（云存储、云安全、弹性计算、云服务器等）、解决方案（政府云、教育云、医疗云等）大约有数百项，令人应接不暇。

由此可见，云计算的影响非常广泛，似乎每一个人都能接触到云计算。但事实却是，对于信息领域的 IT 从业人员而言，云计算无人不知、无人不晓；而对于普通大众而言，云计算如同天边那朵美丽的云彩，尽管看得见，却看不懂，更摸不到。

因此，我们先明确云计算的以下四个方面：

（1）云计算属于新一轮的集中计算，类似于发电厂的集中供电。

（2）云计算像水、电一样随取随用，不可或缺。

（3）云计算更关注计算资源、产品和服务的使用权，而不是计算资源的所有权。

（4）云计算将成为人类社会的计算基础设施，是大数据、物联网、人工智能等新兴技术发展的必要基石。

想要进一步了解云计算的抽象概念，我们可以先想象一些关于云计算的直观场景。

一些关于云计算的直观场景

云计算像水、电一样随取随用，不可或缺

传统的 IT 部署，是自己买设备、自己安装管理，过程麻烦，花费较大。而云计算就像自来水，家里不需要挖

井、不用购买抽水机，更无须搭建水塔，打开水龙头就出水，用多用少自己控制。换句话说，云计算就是不买设备，只买服务（计算能力），在云端进行资源统一管理和调度，向用户提供按需服务。

具体而言，云计算的发明可以类比发电厂的兴建。早期使用电灯照明的企业都必须采购发电机，并聘请专门的技术人员进行维护，成本高、技术要求高且耗时费力。后来，交流电技术的兴起使得远距离输电成为可能。于是，一批大型电厂开始兴建，这些电厂统一采购发电机并统一维护，通过电网为企业输电。此时用电企业不再需要采购昂贵的发电机和建设内部专门的供电机构，仅仅需要安装电表，按照实际的使用量向电厂付费即可。正是这种规模生产、按需付费的模式，使得用电门槛和用电成本大幅降低，推动了电力走进千家万户。

现在的信息化建设与早期电力应用的情况非常相似。企业为了建设运行各种信息系统，需要采购服务器、购买软件、建立数据中心，同时还要配备专业技术团队进行系统运行维护，信息化建设运行成本较高。大型企业尚能承担高额的信息化经费，但对于中小型企业，特别是微型企业，即使不存在冗余服务器，数十万元级别以上的信息化成本只能令其望而却步。因此，如今很多企业都将核心业务运行在云平台上，以提高效率、提升竞争力。

在云计算概念下，云服务供应商把系统、应用软件安装在"云端"，并发布到网络上。其他企业、用户只需要通过网络接入"云端"，即可享受到过去花费高额的信息化经费才能拥有的服务，并且只需要按使用量支付费用，成本远小于自行建设、运维数据中心。这恰似在日常生活中，无论居民用电还是企业用电，都无须购买发电设备，只要安装电表，按用电量向发电厂购买电力服务即可。云计算使得硬件资源、计算能力、软件服务等计算机资源能够像商品一样流通，使用者只要关注价格、品质、是否满足需求等因素，而不用关注硬件购买、部署、维修保养及软件的开发、维护、升级等技术细节。

举个实际的案例。纳斯达克交易所的研究员想为客户提供查询历史交易数据的服务，并且使信息精确到毫秒。原本他要耗资数十万美元去购买服务器等软硬件设备才能实现这项功能，但经过比较之后，他选择了亚马逊云计算服务，花费不到 500 美元就实现了同样的功能。两者之间的成本居然相差数千倍以上，这似乎难以置信。

然而，从用电的角度出发却非常好理解。如果每家每户用电都采购发电机，要一次性支付数千元，而采用发电厂集中供电，每家每户只需要安装电表，按实际的使用量向电厂付费，每度电只需要支付几角钱，这之间的差异也几乎是千倍。

总体而言，我们可以将云计算类比为水、电：一方面，表明云计算按需服务的特性，用户可以随时在云端获取所需的计算能力，就像打开水龙头、电闸一样方便；另一方面，如同水、电对于人类现实社会的意义一样，尽管其价格低廉、随处可见，但都有着不可替代的作用。

云服务"比萨"化

如今，随着云计算技术越来越普遍，云计算的服务模式也逐渐受到人们的普遍关注。云计算有三大服务模式，分别是基础设施即服务（IaaS）、平台即服务（PaaS）、软件即服务（SaaS）。这对于外行人来说似乎是"天书"，隐隐有一丝"高大上"的气息。为了通俗易懂，我们用业界一个十分常见的"吃到比萨"的方法来分析云服务，大致有下面的几种方法：

（1）完全自己做——本地部署。

如果完全自己做比萨吃，意味着必须要准备很多东西，如餐桌、烤箱、比萨面团、配料等。

（2）速食比萨——IaaS。

如果吃速食比萨，你需要从比萨店里买回成品，回家烘焙后才能吃到比萨。在这种情况下，你需要桌子、烤箱等用品，比萨店则要备好各种材料制作速食比萨售卖。

（3）打电话叫外卖——PaaS。

如果你直接打电话叫外卖，用不了多长时间比萨就会被送到家门口，这种方式完全省去了做比萨的苦恼。当然，你还需要准备少量的用餐工具。

（4）去比萨店吃——SaaS。

如果你直接去比萨店吃，则什么都不需要准备，连餐具都是比萨店里准备好的，唯一需要注意的就是要找到去比萨店的路。

综上所述，四种方法都可以吃到比萨，然而难易程度不同，需要准备的材料和花费的精力也有所区别。

现在，让我们从吃比萨回到云计算的概念上来，假设有一家各类资源都非常充裕的公司，根本不需要其他人提供服务，它拥有基础设施（infrastructure）、平台（platform）和软件（software）等一切资源（图1.1）。

如图所示，云计算的三个分层——基础设施在最底端，平台在中间，软件在顶端，每一层次提供的不同的云

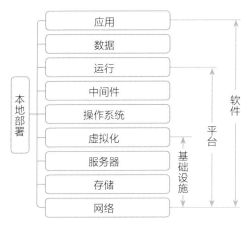

图 1.1　本地部署

服务就是所谓的 Infrastructure-as-a-Service（IaaS），Platform-as-a-Service（PaaS），Software-as-a-Service（SaaS）。

　　现在回到这家公司，由于它不缺任何资源，因此它可以选择用内部的基础设施搭建数据中心、构建平台、运行软件，这种状态被称为本地部署（On-Premises），就像在自己家做比萨一样。如果公司的计算资源不够，则该公司需要购买服务器来满足计算需求，从而保证公司的业务正常运行。但是突然有一天，这家公司发现，如果只是运行公司业务，为什么一定要自行搭建数据中心呢？于是，公司开始考虑与云服务供应商合作。云服务供应商能提供的云服务有三种：IaaS、PaaS 和 SaaS，就像另外 3 种吃比萨的方法：速食比萨、外卖和在比萨店吃（具体内容在后一节中详述）。

众说纷"云"

在这一时期，云计算的概念铺天盖地地涌现。云计算并非具体的技术或标准，其本身需要大量的技术作为支撑。因此，从不同角度理解云计算将得到不同的解读，不同机构对云计算也有不同的认识。在这个时期，无论是学术机构、产业巨头，还是科研学者，都从自身角度出发定义云计算，这使得当时的云计算具有超过 20 种定义。

每种定义都各有特点，也都存在自身的不足与局限性，恰似盲人摸象、管中窥豹，只从一个局部的角度出发，却没能一览云计算的全貌。但也正因如此，云计算才能在发展过程中不断进行概念的完善。因此，在了解云计算的官方定义之前，让我们先聆听各界对于云计算定义发出的不同的声音。

云计算
▶▶ CLOUD
COMPUTING

美国加州大学伯克利分校的云计算报告认为，云计算既指在互联网上以服务形式提供的应用，也指在数据中心中提供这些服务的硬件和软件，而这些数据中心的硬件和软件被称为云。

IBM 认为云计算是一种计算风格，其基础是公共或私有网络实现服务、软件及处理能力的交付。同时，云计算也是一种实现基础设施共享的方式，云计算的使用者看到的只有服务本身，而不用关心相关基础设施的具体实现。

谷歌的云计算概念接近于一种应用云。对谷歌而言，由于其最大的业务为搜索引擎，因而其最早做云计算的目的就是优化搜索引擎的性能。在扩大基础设施规模之后，谷歌进而希望将其作为服务提供给用户使用。

《商业周刊》指出，谷歌的云就是由网络连接起来的几十万台甚至上百万台廉价计算机，这些大规模的计算机集群每天都处理着来自互联网的海量检索数据和搜索业务请求。

网格计算之父伊安·福斯特（Ian Foster）认为，云计算是一种大规模分布式计算的模式，其推动力来自规模化所带来的经济性。

在这种模式下，一些抽象的、虚拟化的、可动态扩展和被管理的计算能力、存储、平台和服务汇聚成资源池，通过互联网按需交付给外部用户。

李德毅认为云计算是一种基于互联网的大众参与的计算模式，其计算资源（包括计算能力、存储能力、交互能力等）是动态、可伸缩、被虚拟化的，以服务的方式提供，可以方便地实现分享和交互，并形成群体智能。

维基百科将云计算定义为一种基于互联网的计算方式，通过这种方式，共享的软件、硬件资源和信息可以按需求提供给各种终端和其他设备。云计算依赖资源的共享以达成规模经济，类似基础设施（如电力网）。服务提供者集成大量资源供多个用户使用，用户可以轻易地请求（租借）更多资源，并随时调整使用量，将不需要的资源释放回整个架构，因此用户不需要因为短暂尖峰需求就购买大量资源，仅需提升租借量，需求降

低时便退租。服务提供者得以将目前无人租
用的资源重新租给其他用户，甚至依照整体
的需求量调整租金。

由此可见，各个机构、企业乃至学者对于云计算概
念的定义千差万别，这也导致至今业界仍有一部分人使用
自身的标准来定义云计算。但就目前而言，云计算概念中
较为主流的观点来自美国国家标准与技术研究院（NIST）
2011 年发布的白皮书——《NIST 对云计算的定义》，这
也标志着众说纷"云"时代的基本终结。

NIST 对云计算的定义

2011 年，NIST 发布白皮书《NIST 对云计算的定
义》，第一次对云计算进行官方定义：云计算是一种按使
用量付费的模式，该模式提供可随处获取的、便捷的、按
需的网络访问，访问进入共享资源池。池中可配置的计算
资源（主要包括网络、存储、内存、服务器、应用软件等
计算资源）能够被快速分配和释放，并且资源使用者只需
投入很少的管理工作，或与服务供应商进行很少的交互。
这种云计算模型提升了资源可获取性，由五大基本特征、
三大服务模型和四大部署模型作为基本组成单元。

五大基本特征：按需服务、广泛的网络访问、资源池化、快速弹性和服务可计量。

（1）按需服务：用户可以在不和服务供应商交互的情况下，根据需求，自动分配资源（服务时间、内存、网络、存储等）。

（2）广泛的网络访问：用户可以利用各种终端设备（如 PC 电脑、笔记本电脑、智能手机等），随时随地通过互联网访问云计算服务。

（3）资源池化：服务供应商将计算资源集中在一个资源池中，使用多租户模式同时为多个用户提供服务，并且可以根据用户需求，动态地分配或释放不同的物理资源和虚拟资源。

（4）快速弹性：一种能够对资源进行快速地、弹性地、自动地分配和释放的扩展能力。从用户角度来看，这种扩展能力几乎是无限的。

（5）服务可计量：通过对某些服务类型（储存、处理能力、带宽和活跃用户数等）进行计量，云端系统能够自动地控制和优化资源的使用。资源的使用能够被监控、控制，同时向服务供应商和用户提供透明的报告。

三大服务模型：IaaS、PaaS 和 SaaS（图 1.2）。

图 1.2 云计算三大服务

（1）基础设施即服务：IaaS 即 Infrastructure-as-a-Service。IaaS 供应商向用户提供处理、存储、网络和其他基本计算资源的服务。用户能够部署和运行任意软件，包括操作系统和应用程序。尽管用户不能管理或控制底层的基础设施，但可以控制操作系统、储存空间、已部署的应用程序，有时也可以有限度地控制特定的网络组件（防火墙、路由器和负载均衡器等）。IaaS 是云服务的最底层，主要提供一些基础资源。它与 PaaS 的区别是，用户需要自行控制底层，实现基础设施的使用逻辑。

（2）平台即服务：PaaS 即 Platform-as-a-Service。PaaS 供应商能够提供云平台和各种工具，帮助开发人员构建和部署云应用。用户可以通过 Web 浏览器访问 PaaS，无须购买、维护基础硬件和软件。借助于 PaaS，开发人员还能采用租用的方式挑选所需的功能。

（3）软件即服务：SaaS 即 Software-as-a-Service。SaaS 供应商不仅能够直接向企业提供在云基础架构上运行的应用程序，同时还能提供企业信息化所需的网络基础设施及软件、硬件运作平台，并负责前期实施、后期维护等一系列服务。这保证企业无须购买软件、硬件，建设机房和招聘 IT 人员，直接通过互联网即可使用信息应用程序。

在下一小节中，我们还将针对三大服务模型举出各自的特定场景。

四大部署模型：公共云（public cloud）、私有云（private cloud）、混合云（hybrid cloud）和社区云（community cloud）。

（1）公共云：即公有云。公共云指向公众提供云服务，使其任意使用的云端基础设施、资源由云服务供应商控制。公共云可由企业、学术界或政府组织抑或上述多方拥有、管理和运营。公共云的位置可能位于运营组织的内部，也可能位于运营组织的外部。目前，亚马逊云 AWS、微软 Azure、阿里云、腾讯云、百度云都是公共云中的佼佼者，其中阿里云更是占据了国内近半数的公共云市场。

（2）私有云：私有云完全是为特定组织而运作的云端基础设施，其内部资源只由该云服务客户控制。私有云将云基础设施与软件、硬件资源搭建在防火墙内，以供特定机构或企业内各部门共享数据中心内的资源，外部组织则无权访问。私有云可由组织本身或第三方搭建、运营与管理，其数据中心位置可能在组织内部，也可能在组织外部。目前，国内私有云的龙头是华为云，FusionCloud 是其私有云的主力军。

（3）混合云：混合云是由两个或更多云部署模式组成的云端基础设施，这些云端基础设施包含了私有云、社区云、公共云等。混合云所牵扯到的部署方（私有云、公共云等）仍然是独立的实体，但通过标准化或封闭式专利技术等相关技术捆绑在一起，从而确保数据与应用程序的便携性。混合云可由组织本身或第三方拥有、管理和运营。混合云需要通过适当技术，将两种或更多的部署模型联系在一起实现互动，例如，在云端系统之间进行负载平衡的云爆发技术。目前，IBM 云、阿里云等都对外提供混合云服务，其中天猫"双十一"狂欢购物节的销售奇迹、春节微博单日红包过亿等都是使用阿里云混合云服务的成功案例。

（4）社区云：社区云是由一组具有共同要求，且具有特定关系的云服务组织所共享的云端基础设施，资源至少由组织中的一人控制。社区云可由一家或多家组织、第三方共同拥有、管理和运营，它的位置既可设在该组织内部，也可设在组织外部。社区云仅限于由一组具有共同关切的云服务组织参与，与公共云形成反差，而社区云的参与程度又超出了私有云。上述共同关切包括但不限于任务、安全需求、政策和合规性方面的考虑。由于社区云的界限较为模糊，因此其有时也被称为行业云。目前，各大云服务厂商对于部分行业，都能够提供相应的解决方案，例如，网易的"场景化云服务"对外提供游戏、医疗、金融、电商、教育等十几种行业场景的解决方案。

云计算适用场景

本节描述三个云计算技术运用的实际场景：业务搬迁、应用扩展、软件管理，其解决方案也分别对应云计算的三大服务模型——IaaS、PaaS、SaaS 中的一种或多种。

场景一：业务搬迁

假设有一家核心业务为网上购物的公司，由公司内部的信息部门来管理购物网站的运营。通过多年对网站的运维统计发现，每年一到各大节假日，用户访问量会比平时大好几倍，之后逐渐恢复正常。为了应对这一时间段的用户突发访问，公司在业务起步初期，通过对当时用户在节假日期间访问量峰值的统计搭建了一个小型的服务器环境，即仅由少量服务器组成的一个小规模数据中心。尽管其规模较小，但已经能够满足当时的突发需求。

随着公司规模慢慢变大，用户需求趋于多样化，网站经营范围越来越广，对计算能力的要求也越来越高。这使得最近节假日期间，数据中心对用户访问量的处理"力不从心"：一方面，随着用户访问量的增加，用户访问速度直线下降，甚至发生请求超时、网站报错等情况；另一方面，服务器硬件老化也导致系统多次出现服务器网卡、硬盘损坏的情况，这些都导致服务质量大幅下降，严重影响用户体验及实时请求。

诚然，公司可以通过购买更多的服务器来对数据中心进行升级——使用容量更大的存储，处理速度更快的 CPU

内存和访问时延更低的磁盘阵列。但这也导致新的问题：如何保证数据"搬迁"至新服务器的便捷与安全，同时也不产生数据不兼容的情况？随着公司规模继续扩大，若突发访问量持续增大导致问题再次出现，是否还得通过重复购买服务器和"搬迁"数据来满足用户请求？此外，除了每年节假日访问高峰期的时间段，其他时间段的用户请求仅靠当前服务器完全可以满足，甚至还有部分服务器处于闲置状态，那么升级数据中心是不是对资源和资金的一种浪费？

从传统的角度来看，为了公司的业务和用户体验，升级数据中心是必需的。但大量闲置的服务器浪费了大量的资源和资金，对公司的收益也许有点"得不偿失"。难道没有一种更好的方法来解决这一问题吗？

利用云计算技术中的 IaaS 和 PaaS 都能很好地解决这个问题：首先，在 IaaS 中，服务供应商把硬件计算资源、网络、冗余服务器等基础设施继续虚拟化并打包成服务，直接提供给用户付费购买，用户不需要自行搭建大量的冗余服务器来确保所有时间段的无故障运行，更不用考虑负载均衡来平衡用户突发访问量。其次，在 PaaS 中，服务供应商能够将网购公司在旧平台中运行的业务，直接搬迁到能够满足实际资源需求的新的云计算平台中，从而实现服务升级的目标。

　　云计算的基本特征之一就是按需服务。公司可以在节假日期间，根据突发访问量实时向服务供应商购买计算资源，效果等同于增加数据中心的服务器数量，几乎可以做到修改配置后即时生效，并且不需要考虑服务器环境、数据不兼容等情况。平时则可以根据闲置服务器的数量，实时减少计算资源的购买量，相当于减少了数据中心的服务器数量。

　　通过这种动态按需服务，公司只需要根据计算资源的实际使用量付费，从而节约了一大笔资金的开销。而且通过这种方式，无论将来公司规模变得多大，对计算资源的要求多高，信息部门都能从容应对。

　　相对于上面的假设，接下来我们讲一个真实存在的案例。2008 年 3 月，美国国家档案馆公开了希拉里在 1993—2001 年作为第一夫人时的白宫日程档案。这数十万页的政府档案受到民众极大关注，《华盛顿邮报》准备第一时间将这些档案上传到互联网供公众查询。然而，这一过程需要扫描、文字识别、综合处理等大量的计算工作。在传统的处理方式下，需要依靠《华盛顿邮报》自身现有的计算机来完成此工作，处理一页需要 30 分钟，完成所有文档转换需要数月，如果临时购置更多计算机，需要花费数十万美元，处理完后又只能闲置不用。《华盛顿邮报》选择采用亚马逊公司的弹性云计算服务，以按量、按时付费方式，临时使用亚马逊公司在线提供的 200 个虚拟服务器和在线处理软件。通过大量服务器的并行处理，单页文档处理时间从 30 分钟缩短到 1 分钟，总时间缩短为 9 小时。《华盛顿邮报》得以在第一时间独家发布此档案，而为此付出的处理费用只有几千美元。由此可见，云计算的解决方案不仅能大幅节约时间，更能减少在冗余设备购买、机器耗费上的开销。

场景二：应用扩展

在日常软件开发过程中，大家肯定会有这样的苦恼：当把一个已经在本机部署好、能够正常运行的应用扩展到另一台服务器时，总是需要预先安装一大堆运行环境来支持该应用，而且时不时会出现数据库、中间件和运行库版本不兼容的问题。

这种费时费力的传统开发模式往往吃力不讨好，会让开发人员几乎再经历一次"开发＋搭建＋测试＋部署"这套完整的开发生命周期，有时还要考虑底层的基础设施是否兼容当前开发环境。另外，一旦用户需求增加，应用需要再次扩展，开发人员的工作几乎是重复的，这些工作甚至脱离技术层面，仅是单调重复先前的工作。在传统的开发模式下，这些情况导致了软件开发速度缓慢、效率不高、对开发人员的利用率较低等情况，使得公司的业务拓展打了很大程度的折扣。

云计算中的 PaaS 可以成为解决这一问题的有效手段之一。PaaS 供应商能够提供部署应用所需要的运行环境（如操作系统、数据库、中间件、运行库等）。开发人员在开发过程中，只需要关注应用的开发与部署，不需要考虑运行环境不兼容所带来的问题。例如，通过 PaaS 模式，数分钟内，开发人员就可以在一个已经搭建 LAMP（Linux+Apache+MySQL+PHP）的服务器上快速部署一个能够直接运行的应用。而且在运行时，开发人员完全不需要为处理器、网络和存储等资源的运营维护担心，服务器会通过快速弹性自动解决出现的问题。支持不同应用的运行环境不一样，虽然 PaaS 服务供应商不可能提供全部的运行环境来支持所有的应用，但可以提供当前最主流的运行环境来支持绝大多数的应用开发。这已基本能满足开发人员的需求，同时也促进业内应用开发的标准化。

通过 PaaS 模型，将传统开发模式向敏捷开发过渡，应用开发的速度和效率会大大提高，节约了大量的开发成本。这也使得开发人员可以从重复工作中解脱，更加关注开发技术本身。无论进行多大规模的应用扩展，开发人员需要做的工作也仅仅是部署相应的应用，不需要考虑底层基础设施、中间层运行环境所带来的兼容问题。

场景三：软件管理

当下，市场上大多数公司的主营业务并不是软件开发，但在互联网全球化的冲击下，每个公司都必须接触互联网这一领域。这又会产生如下问题：

（1）公司需要花费额外开销雇佣专业开发人员，进行公司相关软件的开发。开发阶段过后，公司还需雇佣网络管理员来进行数据安全、备份、恢复等维护工作。

（2）公司需要为每台计算机配备专有的专业软件许可证，而众所周知，专业软件的费用很高。

（3）公司要学会如何高效地利用公司与客户之间的交流，随着客户需求的改变，快速进行业务的实施与拓展。

云计算中的 SaaS 无疑是解决上述问题的最佳手段之一：用户仅仅通过按需付费的方式从服务商那里购买所需要的软件服务，无须考虑基础设施的搭建与软件的开发，甚至连后期软件的升级维护工作也能全部托管给服务供应商。这种直接通过服务供应商来管理软件的方式，大大降低了传统公司转型为互联网公司的信息技术成本。

在 SaaS 模式下的软件管理还体现在：相比于传统的为公司内部每台计算机都配备专有的软件许可证，SaaS 既能保证正版软件的使用，也大大降低了正版软件使用方面的开销。原因是公司只需要少量软件许可证就可以在不同时间登录不同计算机，基于云计算按需付费的特征，公司只需要对实际使用的时间段付费。此外，使用 SaaS 模式，公司和客户之间可以直接通过浏览器访问云端，两者之间的交流会更加顺畅。当客户需求发生变化时，公司只需要改变相应的 SaaS 业务，就能迅速进行业务的实施与拓展。

云计算核心技术

云计算技术在近十年取得了相对较快的发展，云计算的蓬勃发展与核心技术的不断进步密不可分。云计算作为一种以数据和处理能力为中心的密集型计算模式，在某种程度上颠覆了传统的 ICT（信息通信技术）行业，但正是由于众多核心技术的不断出现、成熟，才使得传统技术能够"平滑过渡"到云计算技术。

当下，云计算领域中最热门的核心技术有：虚拟化、分布式数据储存、大数据管理、分布式并行编程模式、分布式资源管理和服务化等。以下就其中几项技术做简要介绍。

虚拟化：虚拟化技术无疑是云计算的核心技术之一，为云计算服务提供基础架构层面的支撑，其本身也是 ICT 服务快速走向云计算的最主要驱动力。没有虚拟化技术也就没有云计算服务的落地与成功。

从技术层面上讲，虚拟化是一种资源管理技术，将计算机的各种实体资源（如 CPU、内存、磁盘空间、网络适配器等）予以抽象、转换后呈现出来，并可供分区、组合为一个或多个电脑配置环境。由此，打破实体结构间的不可切割的障碍，使用户可以用比原本配置更好的方式来应用这些电脑硬件资源。这些资源的新虚拟部分是不受现有资源的架设方式、地域或物理配置所限制的。

从应用模式上划分，虚拟化技术主要表示为两种形式：第一种是单一资源多个逻辑表示，即将一个较大的物理资源（处理器、储存、网络等）虚拟划分成多个较小的物理资源。从用户视图看，仿佛有多个物理资源提供不同的服务。第二种是多个资源单一逻辑表示，即将多个零散的小型物理资源，虚拟合并成一个庞大的物理资源来满足大规模的计算需求。

分布式数据存储：传统的网络存储采用集中的存储服务器存放所有数据，存储服务器成为系统性能的瓶颈，也是可靠性和安全性的焦点，需要满足大规模存储应用的需要。分布式数据存储技术将数据分散存储在多台独立的设备上，采用可扩展的系统结构，利用多台存储服务器分担存储负荷，利用位置服务器定位存储信息，这项技术不但提高了存储系统的可靠性、可用性和存取效率，还易于扩展。

当下，云计算领域主流的分布式存储系统有谷歌的 GFS 和 Hadoop 的 HDFS 开源系统。

大数据管理：云计算中的数据通常具有数量多、来源广、增长快、类型多样化、密度价值低等特点，而传统的关系型数据库已经不能满足大数据高并发读写、高可扩展和实时性的要求。因此，云计算中也需要特有的数据管理技术来对海量数据和信息进行高效的分析和处理。

当下，业界对于大数据管理主要采用非关系型数据库

（NoSQL），比较典型的非关系型数据库有谷歌的 BigTable 数据管理技术和 Hadoop 团队开发的开源数据管理模块 Hbase 等。

分布式并行编程模式：云计算是一个支持多用户、多任务并发处理的系统。高效、简捷、快速是其核心理念，它旨在通过网络把强大的服务器计算资源方便地分发到终端用户手中，同时保证低成本和良好的用户体验。在这个过程中，编程模式的选择至关重要。云计算项目的分布式并行编程模式被广泛采用。

分布式并行编程模式创立的初衷是更高效地利用软、硬件资源，让用户更快速、更简单地使用应用或服务。在分布式并行编程模式中，后台复杂的任务处理和资源调度对于用户来说是透明的，用户体验能够大大提升。

谷歌的 MapReduce 是业界主流的并行编程模式之一。MapReduce 模式将任务自动分成多个子任务，通过 Map 和 Reduce 两步确定任务在大规模计算节点中的高度与分配。

分布式资源管理：云计算系统所处理的资源量往往非常庞大，通常需要成千上万台服务器共同合作才能完成相关计算，而这些服务器极有可能跨越多个地域。因此，有效地管理这些资源和服务器，保证它们正常提供服务，需要强大的技术支撑。

分布式资源管理就是实现资源与服务器高效管理的技术。在多节点并发执行的环境下，资源管理系统能够实时监控、同步各节点的状态，从而对资源进行高效调度。如负载均衡和集群，负载均衡指把众多用户的请求合理地分配给各个服务节点并进行处理，集群则是将多个服务节点组合成一台超级计算机，从而解决大型问题。另外，资源管理系统必须要有容错机制，保证在单个节点出现故障时，其他节点能够不受影响，如系统具有快速的故障恢复机制或能从备份节点中获得所需资源。

目前，谷歌的大规模集群管理系统 Borg、Apache 的分布式资源管理框架 Mesos 和 Yarn 都是该领域的佼佼者。

服务化：在云计算中，服务化将多个系统的相关功能连接在一起，有机地整合、简化成一个系统，让用户具有一站式的、一致的、简约的使用体验，不必在风格迥异的系统间跳转以至于摸不着头脑。

当下，云平台的分布式系统大多采用面向服务的体系结构（SOA，Service-Oriented Architecture）。SOA 是一个组件模型，它将应用程序的不同功能单元（即服务）通过这些服务之间定义良好的接口和契约联系起来。

微服务作为 SOA 的进一步发展，是服务化的一种重要表现形式：微服务把一个大型的单个应用程序和服务拆分成数十个乃至数百个微服务，每个微服务的工作都较为单一，仅关注于完成一个小任务并能很好地完成它。微服务让服务化走向专业化和精细分工。

相对于传统的大型服务，微服务更注重其彻底的构件化和服务化。原有的服务会被拆分成多个单独开发、设计、运行和运维的小应用，即对原有服务进行解耦，实现为多个粗粒度、松耦合的微服务，降低各个模块之间的关联、依赖。这样也使得每个微服务实现的复杂度大大降低，并且由于微服务可以单独开发和部署，因此非常方便扩展。

近年来，由于容器技术的兴起，大多数开发公司通过容器技术对微服务打包，这更加速了微服务技术的快速发展。

云计算的地位

如今，云计算已经发展成为互联网时代最具有破坏性的力量之一，被称为是继大型计算机、个人计算机、互联网之后的第四次信息产业革命。近年来，云计算表现出的爆发力远超 IT 行业的其他细分领域；未来阶段，云计算在互联网中也必将占据举足轻重的地位。主要体现在以下三个方面。

首先，对于传统的商业模式而言，云计算是最锋利的转型利器。在云计算的适用场景中，云计算的三大服务模型 IaaS、PaaS、SaaS 在很多方面都彻底颠覆了传统的商业模式：一方面，云计算可以降低企业用户的成本，免去企业前期购买硬件设施和后期运营维护的成本；另一方面，云计算采用按需付费的模式，减小企业的财政负担。这对前期预算不足的中小型企业来说，无疑具有超强的吸引力。同时，传统行业向数字化转型加剧，而云计算在转型中发挥的作用会超过当下其他任何一种信息技术。

其次，对于新兴技术而言，云计算提供底层的技术支持。如今，云计算技术的发展不仅不断地催生出大量新兴技术，也在不停地推进着新兴领域技术的发展步伐。例如，大数据、物联网、人工智能等新兴技术都离不开对海量数据的存储、处理与分析。传统计算在海量数据带来的问题面前似乎显得"无能为力"，但云计算中的核心技术恰好是解决这些问题的绝佳方案，这无疑将加快这些新兴技术的发展。同时，云计算也能提高资源利用率，使得"云"中大量闲置资源有"用武之地"。反过来，这些新兴技术的发展又将再次拉动云计算的市场需求，推动云计算领域的研究。云计算与这些新兴技术相辅相成，缺一不可。

最后，由于云计算的本质是 IT 基础设施的交付和使用模式，因此只要涉及计算机领域，云计算都必将爆发出前所未有的价值能量。对这一观点最好的证明就是，如今的云计算已经对人类的生活、工作、行为乃至思维的方方面面都产生了巨大的变革和影响，这都是其他技术所无法企及的。

云计算与大数据

根据美国信息技术研究与分析公司高德纳咨询公司（Gartner）的定义：大数据（Big Data）指无法在一定时间范围内用常规软件工具进行获取、管理和处理的数据集合，是需要新处理模式才能具有更强的决策力、洞察发现力和流程优化能力的海量、高增长率和多样化的信息资产。

大数据到底有多大？2013 年，谷歌公司每天需要处理超过 24PB 的数据量，这是美国国家图书馆所有纸质出版物所含数据量的上千倍。2014 年，每一天互联网产生的数据足够刻满 1.68 亿张 DVD；每一天用户在 Facebook 上传 2.5 亿张图片，打印后相当于 80 座埃菲尔铁塔的高度；每一天用户在 YouTube 上传 86.4 万小时的视频，不间断全部播放完需要 98 年。IBM 研究称：在整个人类文明所获得的数据中，90% 是在过去两年内产生的。如今，互联网每天新增的数据量达 2.5×10^{18} 字节（约 2.5EB），假设大西洋里每一升海水代表一个字节的数据，那么整个大西洋存储的数据到 2010 年也就满了。IDC 预测，2020 年全球数据总量将达 40026EB（图 1.3），年复合增长率达 36%；中国互联网数据流量增长速度更为突出，2020 年中国互联网数据流量将达 8806EB，占全球数据量的 22%，年复合增长率高达 49%。

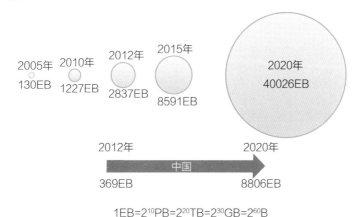

图 1.3　IDC 预测全球数据总量发展趋势

过去，人们习惯"凭经验办事"，这是在数据和信息有限条件下的无奈之举；如今，我们必须学会"用数据说话"。正如美国管理学家爱德华·戴明所言："我们信奉上帝。除了上帝，任何人都必须用数据来说话。"

之所以要用数据说话，是因为海量数据中常常隐藏着巨大的能量：2009年，谷歌公司通过把5000万条美国人最频繁检索的词汇，与美国疾病中心在2003—2008年季节性流感传播时期的数据进行比较，从而在甲型H_1N_1流感即将爆发的数周前，将流感的传播范围预测到具体的地区和州。此外，通过大数据分析，沃尔玛超市发现飓风来临前，蛋挞的销售量会增加，从而将蛋挞放在靠近飓风用品的位置；塔吉特公司甚至在完全不和准妈妈对话的前提下，就预测出一个女性什么时候怀孕，从而向其推荐孕妇营养品与婴儿用品。

如此一看，大数据的确有巨大的价值与潜力，目前也正处于爆发期。大数据在爆发期必须具备相应的技术来存储、管理、分析海量数据。从技术角度而言，大数据的总体架构包括三层：数据存储、数据处理和数据分析。其中每一层都给传统数据存储、访问、处理和分析的方式带来了全新的挑战。例如，在数据存储层，海量、高速产生、类型多样化的数据就使得传统的关系型数据库有些"力不从心";而在数据处理层和数据分析层,相对于传统模式下的随机采样、单一领域数据分析、追求数据与结果之间的因果关系,大数据模式更加注重全体数据、跨领域数据结合,通过相关关系来获得预测结果。尽管通过复杂的编程手段也可以进行大数据处理,但如果储存、处理和分析数据的成本超过了数据价值本身,那么有价值相当于没价值。

云计算技术是大数据技术的基础设施(图1.4),尤其是云计算中的分布式数据存储、分布式资源管理、分布式并行编程等技术为存储、管理、分析海量数据带来了完美的解决方案。例如,在云计算的众多技术中,通过分布式数据储存技术能够搭建存储大数据的云存储系统,通

图 1.4　云计算与大数据

过冗余存储方式（RAID）不仅使得系统更加可靠，而且方便扩展；分布式并行编程中的 MapReduce 编程模型实现了高并发处理大规模数据集合；分布式数据管理中的 NoSQL 数据库可以对大数据进行高效管理，方便以后进行数据挖掘与分析。

例如，《大数据时代》一书提到的"Hadoop 与 VISA 的 13 分钟"就是云计算与大数据相结合的经典案例：Hadoop 是与谷歌的 MapReduce 系统相对应的开源分布式系统的基础架构，它非常善于处理超大量数据，通过把大数据变成小模块然后分配给其他机器进行分析，实现了对超大量数据的处理。信用卡公司 VISA 使用 Hadoop，能够将处理两年内 730 亿单交易所需的时间，从 1 个月缩减至 13 分钟。如此大规模处理时间上的缩短率足以变革商业模式。

大数据与云计算的关系，类似于赛车与跑道的关系，大数据是赛车——上层应用，而云计算是跑道——底层技术支持，两者相辅相成，缺一不可。云计算通过虚拟化技术，将闲置的计算资源提取并集中在资源池中，以按需分配和服务可计量的方式，提供大数据存储、处理和分析所需求的计算资源。而大数据的出现，使各大企业开始注重数据的重要性，对数据挖掘产生的价值更为关心，从而推动了云计算的高速发展。

简而言之，如果没有大数据中信息的积累沉淀，即使云计算的计算能力再强大，也难有用武之地；如果没有云计算的处理能力，无论大数据中包含的信息多么价值连城，终究也只是镜花水月。

云计算与物联网

电影《阿凡达》中描绘的潘多拉星球由万物互联的生态网络构成。该星球上的所有生物通过一个比人脑还要复杂的神经网络，连接成一个有机整体，从而构成一个紧密、和谐的生态系统。在这个系统中，个体将自己一生的全部信息存储在周围的植物中，所有植物的思想汇聚起来构成生态网络。假如一种植物死亡，其记忆和经验不会因此消亡，而会被整个生态网络继承。如果新的生命诞生，这个生态系统也会赋予其整个网络的智慧和经验，并使其在此基础上得到发展。

尽管《阿凡达》中的潘多拉星球并不存在，但在现实世界中，物联网让"万物互联"在这个星球上成为现实。根据定义，物联网（IoT）是通过互联网、传统电信网等信息承载体，让所有能行使独立功能的普通物体（汽车、家具等）实现互联互通的网络。这段概念性描述具有两层含义：其一，物联网的核心和基础仍然是互联网，是在互联网基础上延伸和扩展的网络，但互联网需要一系列技术升级（Ipv6、Web 3.0 等）才能满足物联网的需求；其二，物联网用户端延伸和扩展到了任何物品与物品之间，进行信息交换和通信，即物物相息、万物互联（IoE）。

如今，人类每天都生活在信息时代，无人驾驶汽车、智能家居、智能机器人、VR 设备也从科幻电影中走入寻常百姓家。智能手机更是将每个人的生活连接在一起，构成一张巨大的互联网络。当物联网进入"万物互联"时代后，所有设备将会获得更加强大的语境感知、处理能力和感应能力。人类与海量信息资源将在互联网中构造出一个集合十亿甚至万亿连接的网络，而这些连接更会创造前所未有的机会。例如，在基于科技背景的英剧《黑镜》第四季第二集《大天使》（*Arkangle*）中，母亲能够通过高科技设备随时获取女儿的位置，从而第一时间得知女儿是否遇到危险。在这里，该高科技设备就是父母和子女的连接，是家庭关系的重要纽带。

从技术架构来看，物联网自下而上可以分为三层：感知层、网络层、应用层（图 1.5）。感知层由各种传感器构成，实现对物理世界的智能感知识别、信息采集处理和自动控制，感知层是物联网识别物体、采集信息的来源。网络层由各种网络组成，负责存储感知层获取的信息或将其传递至应用层。应用层位于三层结构中的最顶层，其功能为"处理"，即通过云计算平台进行信息处理。应用层与最底端的感知层一起，是物联网的显著特征和核心所在，应用层可以对感知层采集的数据进行计算、处理和知识挖掘，从而实现对物理世界的实时控制、精确管理和科学决策。

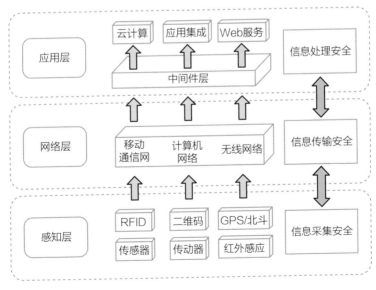

图 1.5　物联网三层架构

当前，物联网面临的挑战主要来自网络层和应用层。例如，面对感知层收集的海量、冗余、标准不统一的数据，网络层该如何对其进行存储、传输和实时管理是亟待解决的问题。应用层则是缺乏对数据的分析和潜在价值挖掘的手段。云计算中的分布式数据储存、分布式资源管理、并发编程和云计算平台管理等技术正是解决这些问题的最佳选择。

物联网强调物物相息，设备终端与设备终端相连，云计算能为连接到云上的设备终端提供强大的运算处理能力，以降低终端本身的复杂性。因此，从技术层面来说，云计算必然是物联网发展的基石。物联网与互联网的智能融合，需要更透彻的感知，更安全的互联互通，更深入的智能化，这意味着需要依靠高效的、动态的大规模扩展技术来处理资源。云计算恰恰能够使得物联网中以兆计算的各类物品的实时动态管理和智能分析成为可能，这也为未来物联网在世界范围内的发展提供了必要基础。

云计算与人工智能

人工智能（AI）是计算机科学的一个分支。人工智能是研究使用计算机来模拟人的某些思维过程和智能行为（如学习、推理、思考、规划等）的学科，主要包括使计算机实现智能的原理，制造类似于人脑智能的计算机，使计算机能实现更高层次的应用。

诸多知名企业在人工智能领域都走在行业的前沿。例如，阿里巴巴在电子商务领域采用人工智能技术打造"智能机器人"——天猫智选，能够协助顾客智能选择货品；机器导购员向顾客推荐最符合其品位的商品；智能客服店小蜜则是 365 天每天 24 小时全程在线的客服机器人。此外，人工智能还能完成巡逻机房、智能物流、订单管理、分拣快递等一些特定领域的特定工作，这大大降低了员工的任务强度，尤其是在天猫"双十一"购物节那天。

从技术角度来看，人工智能主要分为计算智能、感知智能和认知智能三个层次。计算智能即具备快速计算能力与存储能力，IBM"深蓝"计算机、谷歌 AlphaGo 是其中的典型代表；感知智能即具备视觉、听觉、触觉等感知能力，如自动驾驶汽车、BigDog 系列机器人等都具备智能感知能力；认知智能指让计算机具备理解、思考的能力，例如，智伴科技旗下的班尼儿童成长机器人具有自学的能力，在 5 米内语音识别率为 97%，并可识别 25 种语言类情感。

通过具体案例和数据，能便于读者快速理解人工智能：在 2016 年 3 月 AlphaGo 与李世石的人机大战中，大多数人坚信机器不可能战胜人类。"棋圣"聂卫平更是直言："若机器和人比赛围棋，我认为机器是一点儿机会没有的。"然而，最终 4：1，AlphaGo 以绝对优势击败李世石，引起一片哗然。AlphaGo 的小试牛刀堪称惊艳，不仅掀起了人们对人工智能的关注热浪，也开启了 AlphaGo 的进化之路。

不到一年，一个名为 Master 的网络棋手，在中国围棋对弈网站横扫中日韩数十位围棋顶尖高手，60 连胜无一败绩，随即公开承认其本尊正是 AlphaGo，再次收获一众惊叹。2017 年 5 月，Master 与世界排名第一的围棋冠军柯洁对战，以 3：0 的总比分获胜。

正当大家以为 Master 已达到围棋的极限时，AlphaGo Zero 横空出世，仅自学 3 天，就以 100：0 的成绩完胜此前击败李世石的 AlphaGo；自学 40 天后，便以大比分 89：11 的绝对优势击败 Master，第三次让世界感受到人工智能所蕴含的巨大潜力，而这些仅是人工智能爆发力量的冰山一角。

如果人工智能领域渴望持续爆发，就必须要依靠大数据、算力和算法这三个关键要素（图 1.6），离开其中任何

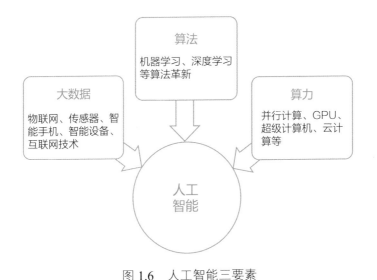

图 1.6　人工智能三要素

一个，人工智能都无法实现快速、大规模的发展。其中，算法属于核心要素，如当下最流行的"深度学习"就是近期人工智能领域的最大突破之一。尽管算法上的突破使得人工智能领域的发展看到了新希望，但不可否认，这些学习算法主要是建立在大数据基础上的训练，通过对海量数据的处理与分析，从而归纳出可以被计算机运用在类似数据上的知识或规律。因此，相同算法训练结果的好坏直接与数据数量和算力大小呈正相关关系。

在三要素中，大数据和算力属于基本要素，都是保证算法质量的必要前提。其中，海量数据能够为算法的训练学习提供充分的资源。计算能力的提升不仅能够从容处理海量数据，更使得复杂的算法得以快速实现，降低时间成本。

近年来，云计算、大数据和物联网等技术的高速发展，恰好满足了人工智能在数据和算力上的需求：首先，通过物联网中的传感器获取海量数据，提供人工智能学习算法所需要的训练集合；其次，云计算"弹性计算"的特点为人工智能算法提供近乎无限的计算能力。此外，云计算中的虚拟化、分布式数据存储、并行编程等技术也为人工智能领域如何处理海量数据指出了一条明路。

无论是云计算、大数据还是人工智能，都必将成为未来市场的主流，三者的联系也确实非常紧密。人工智能之所以历经多年才于近年大红大紫，原因是人工智能关键技术——深度学习的出现，人工智能至此才有了实用价值。深度学习正是在云计算、大数据、物联网等技术日趋成熟的背景下才取得的实质性进展。

物联网开始在人类生活的方方面面铺开，通过物联网产生、收集的海量数据被存储于云平台。云计算作为人工智能最重要的底层基础设施，一方面，云计算保证了人工智能的算力；另一方面，云计算是实现海量数据存储、处理、分析的前提。简而言之，如果将人工智能比喻为正直冲云霄的火箭，那么物联网所提供的大数据即为燃料，云计算是引擎。

云计算带来的变革与影响

云计算的蓬勃发展对思维模式、软件开发、信息安全，乃至各行各业的行业应用都产生了巨大的变革和影响。在很大的程度上，这将改变人类的生活、工作、行为乃至思维的方方面面，超越当下任何一种信息技术爆发出的能量。

首先，思维模式产生变革，从传统思维过渡到互联网思维。互联网思维，就是在互联网、大数据、云计算等科技不断发展的背景下，重新对市场、用户、产品、企业价值链乃至整个商业生态进行审视的思考方式，推陈出新，勇于创新，推动新产业发展。

其次，在云计算环境下，软件开发也发生了变化。基于云平台，敏捷开发、项目组内协同、异地开发等工作将"如鱼得水"。例如，软件开发项目组内使用云平台，即开发人员身处异地也能通过在线应用进行协同开发，并通过云实现资源共享、软件复用。

再次，云计算给信息安全领域也带来了全新的挑战与机遇。云计算强大的计算能力使得很多传统的、难以破解的加密方案变得可以"迎刃而解"了，某种程度上这也促进了信息安全领域的发展：相关的学科和全新的算法纷纷如雨后春笋般涌现，当下热门的有网络安全、现代密码学、全同台加密等。相信云安全产业的发展，会将传统的安全技术提升到一个全新的阶段。

最后，当云计算与传统的行政、教育、交通等行业进行深度融合后，必将爆发出全新的生命力。从全球范围来看，新一轮的信息化行业已进入大规模建设阶段，并且中国、美国、日本、欧盟等国家和地区制定的新一轮发展战略都无一例外地将云计算视为核心要素之一。

尽管云计算爆发出的能量必将颠覆人类传统的生产生活，但目前国内云计算正处于发展期，这些颠覆还只是冰山一角——云计算更大的价值仍有待挖掘。当下的首要任务是必须要在国内加强对于云计算的普及措施，只有当教育、政策、云服务企业等都开始大力宣传云计算思想，在大众思维中建立起云计算的概念，将云计算的实践应用落地于生活中的每个角落时，才能实现云计算真正意义上的普及。在这一发展阶段中，云计算将显示出更强大的冲击力，带来更多的影响与变革。

第二章
云发展

本章介绍云计算的发展历史，大致分为三个阶段：

第一阶段为概念探索期。这个阶段是众说纷"云"的阶段，此时业界的焦点在于讨论"云"到底是什么，各产业巨头、学术专家都从自己的角度来定义云计算，既有特点又有不足。随着虚拟化技术的不断发展，人们对云计算的概念和认识也在不断深入。

第二阶段为技术落地期。在这个时期，云计算有了官方定义，使得大多数技术沉淀为一些主流的思想。云端融合技术在这个阶段登上云计算的舞台，混合云这一部署模式初露锋芒。与此同时，随着世界云计算市场规模保持逐年较快增长，中国也开始积极介入和推动云计算在中国的发展。

第三阶段是正在开启的应用繁荣期，各领域、各行业都在大量基于云计算提供特定云服务、支撑云应用，推动云计算发展进入新时代。云计算的重心从以提供云设施为主转为支撑云应用为主，云计算开始大规模商业化，所有行业都有向云计算靠拢的趋势。云计算的开源思想、微服务技术与容器技术也纷纷开始在 IT 舞台上发力。

Cloud 1.0　概念探索期（2006—2010 年）

回顾云计算的发展历史，2006 年可称为云计算发展元年。当时，亚马逊公司服务器中的大部分计算、存储、网络资源在非峰值时段都处于闲置状态，资源利用率不足10%。面对公司内部大量冗余的资源，亚马逊试图通过虚拟化技术将这些闲置资源打包，租给第三方企业或用户使用，从而平衡公司的收入与开支。不久，亚马逊推出 AWS（Amazon Web Services）云计算平台，即亚马逊提供的专业云服务——通过 Web 服务的形式向企业提供 IT 基础设施服务，这也是云服务商首次向外界提供云计算服务。

AWS 云计算平台提供的云计算服务的主要优势是通

过较低可变成本来替代前期资本中的基础设施费用。因此，最开始的用户大多是个人开发者或中小型企业，通过少量成本租用亚马逊云计算平台来开发应用程序或运营公司业务。亚马逊云计算平台利用虚拟化这种经典的系统软件技术开创了硬件即服务的商业模式，使得计算资源可以像水电一样方便地提供给公众使用，也就此拉开了云计算时代的序幕。

云计算这种"硬件即服务"的商业模式很快便得到了业界和大众的广泛认可，各种公共云产品如雨后春笋般出现。尽管如此，人们对云计算本质和技术重点的认识却众说纷"云"，各产业巨头、学术专家都或多或少地从自身业务的角度来看待云计算，给出了各自的定义和说法。然而，每种观点既有特点也有不足，并没有一个所有人都认可的官方定义出现。

纵观云计算的技术重点，大规模计算资源的虚拟化和软件栈的服务化是主要的使能技术。这期间，硬件资源虚拟化及其管理技术获得繁荣发展，推动人们对云的概念和认识不断深入。在这个时期，促进云计算发展的重要事件有：

（1）KVM虚拟机（Kernel-based Virtual Machine）

是基于硬件的完全虚拟化。KVM 于 2007 年进入 Linux 内核，LXC（Linux Container）于 2008 年发布第一版。KVM 从 Linux 继承了强大的内存管理功能、安全隔离机制、资源控制，并且支持实时迁移，同时拥有了在物理宿主之间转移正在运行的虚拟机而不中断服务的能力。KVM 的性能和可扩展性也很好，这意味着 KVM 允许虚拟化任何要求苛刻的应用程序工作负载。

（2）VMware 于 2009 年推出 vSphere。vSphere 是一项硬件虚拟化技术，将应用程序和操作系统从底层硬件中抽离出来，用户现有的应用程序可以看到专有资源，用户服务器则作为资源池管理。这使得用户业务流程得以简化且恢复能力极强。

（3）Hyper-V 由微软于 2008 年提出并发布，是一种基于 Hypervisor 实现的系统管理程序虚拟化技术，能够实现桌面虚拟化，其驱动于 2009 年提交至 Linux 内核。Hyper-V 能够有效地为用户降低运作成本，提高硬件利用率，优化基础设施并提高服务器的可用性。

（4）2010 年 7 月，美国国家航空航天局（NASA）和 Rackspace、AMD、英特尔、戴尔等支持厂商共同宣布了"OpenStack"开放源代码计划。一年后，美国思杰公司将

CloudStack 代码 100% 开源。OpenStack 和 CloudStack 两者的目标都是提供实施简单、可大规模扩展、丰富、标准统一的云计算管理平台。使用 OpenStack 或 CloudStack 作为基础服务，数据中心管理者能够迅速在现有的基础架构上创建云服务。如今，前者已经成为私有云最重要的基础设施。

在接下来的一段时间内，各种服务模式大量涌现，出现了一切皆服务（XaaS）的概念。不少重要的云计算技术以开源模式发布，开源逐渐成为云基础设施的重要选择，云计算的概念逐渐走向清晰。

Cloud 2.0　技术落地期（2010—2015 年）

此阶段出现大量围绕云进行的技术实践和验证，各大互联网巨头开始不断"攻城略地"，以期在云计算商业市场上占领先机。云计算正成为 IT 产业发展的战略重点，全球 IT 公司纷纷向云计算转型，这使得云计算飞速发展，并带来了市场规模的进一步增长，在全球范围内形成了千亿美元规模的市场。

根据中国赛迪研究院（CCID）的数据统计显示：2010—2014 年世界云计算市场规模保持逐年较快增长。全球云计算服务市场规模在 2014 年达到 1528 亿美元，同比上年增长 17%（图 2.1）；同时，CCID 还预计在 2015 年市场规模将达到 1800 亿美元（根据高德纳咨询公司报告显示，2015 年实际为 1780 亿美元，增长率约 15%）。此外，中国公共云的市场规模的增长速率明显高于世界平

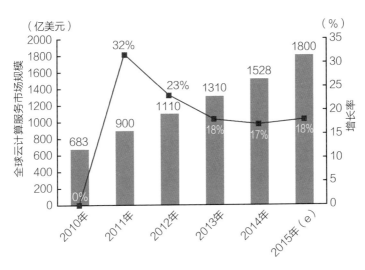

图 2.1　2010—2015 年全球云计算市场规模
来源：高德纳咨询公司 2015 年 2 月报告。

均水平。2014 年，中国公共云服务市场规模增长率为 32%
（图 2.2）。

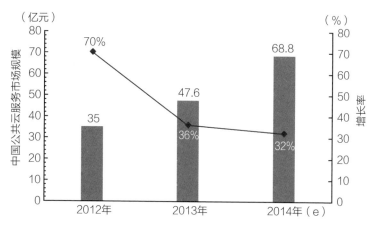

图 2.2　2012—2014 年我国公共云服务市场规模
来源：CCID 2015 年 3 月报告。

2011 年，NIST 发布的白皮书对云计算进行了较为
权威的定义，基本终结了众说纷"云"的时代。一切皆
服务的概念根据提供服务的不同，沉淀为以 IaaS、PaaS、
SaaS 为主的三种服务模型。

NIST 规定了云计算的四种部署模式：私有云、社区
云、公共云和混合云。公共云起步最早，服务对象为大众
和外部企业，亚马逊 AWS 中的弹性计算网云就是典型的
公共云。私有云虽起步较晚，只服务于特定组织，但由于

其相对于公共云，有着更标准的数据规格、更高的安全性等优点，使得其在各大 IT 企业中得以迅速发展，热度已超过公共云。社区云是一个介于公共云与私有云之间的部署模式。在组织内部，其保持着公共云的属性，在组织外部，其表现形式像私有云。混合云不仅具有私有云的数据安全保障，还具有公共云的可扩展性。如今，移动互联终端的大量出现引发了云端融合的新趋势，进而影响了云计算的部署模式，使得混合云迅速成为这一领域中的新热点。

与此同时，云服务和管理的关键技术与系统走向成熟，OpenStack、CloudStack 等开源计算平台得到广泛应用，以 OpenFlow 为代表的软件定义网络成为云服务及管理的重要部分，对涵盖计算、存储、网络等全硬件栈资源进行软件定义成为共识，以应对大量灵活部署虚拟机的需求。云资源管理全面走向软件定义，使得云平台可以对规模化的资源进行高效管理。

这些年，不仅世界云计算的发展一路"高歌猛进"，国内云计算同样获得了长足的发展，尤其是各级政府的积极介入和推动。我国各级政府颁布了一系列推动云计算及其相关领域、相关行业发展的政策，制定并发起了各种各样的云计划和云项目。例如，国务院 2010 年就将云计算纳入战略性新兴产业规划，科技部和工信部等启动了云计算科技产业项目，各地方政府也启动了各种云计算项目。很多企业如阿里巴巴、百度、华为等也在云计算领域进行了非常成功的实践并逐步加大投入。这些都大力推动了我国云计算的发展。技术落地期为我国云计算的发展打下了坚实的基础，使国内云计算技术得以快速发展，同时也为国内云计算企业占据世界级的应用和市场做了很好的铺垫。

Cloud 3.0　应用繁荣期（2015 年至今）

这个阶段，伴随着云平台的成熟和各式终端设备的出现，云计算进入了一个新的繁荣发展时期。这个时期的重要标识就是云计算的重心开始从以提供云设施为主转为支撑云应用为主，如何应对复杂多样的应用需求成为云计算关注的焦点，API（application programming interface，应用程序编程接口）经济（基于 API 技术所产生的经济活动的总和）开始兴起。应用繁荣期主要有如下四方面的变化。

第一，近年来，移动计算和应用商店模式飞速发展，面向端设备的、基于云的应用越来越多、越来越专业，越来越多的用户开始使用智能手机、平板电脑、智能手表及其他移动计算设备来接入并使用云端服务。移动智能终端设备开始逐渐取代 PC 机，成为云端服务的主要消费载体。伴随着云计算和智能终端开始大规模商业化应用，"云端融合"作为一种理想的应用模式（即软件应用能根据设备特性、用户偏好、使用场景、资源现状等情况，动态地、在线地调整自身计算和数据在云端和终端的分布，进而按需使用终端和云端的计算、存储、网络、平台、应用、数据，甚至用户等资源），开始得到学术界和产业界的广泛关注。在这一背景下，云端融合将成为云计算的新常态和新模式。

读者通过图书馆提供的在线服务预借图书后，还需要从图书馆的线下服务窗口获取所借图书；买家在线选择一个二手笔记本电脑后，需要在快递上门查看实物后确定其与网上描述的相符性；初创企业通过在线服务进行企业登记注册之前，需要专业的财务人员上门，帮助企业准备财务资料。此外，用户在遇到计算或存储资源不足、缺少特定软件应用或相关信息时，也需要其他用户通过资源和信息分享来提供支持。但云端融合不同，其一方面促进了人、机、物三方面的深度融合；另一方面，促进共享经济的思想被广泛接受，通过移动社交网络广泛连接的用户可以利用其位置、资源和能力优势，提供个性化的服务和协助。这些都使得个人资源的开放与融合成为可能，即以智能移动终端为载体，通过丰富的人机交互和协作机制，实现用户之间的资源分享和互助，并与各种软件服务和资源实现有机融合，以满足用户的高层次需求。通过云端融合环境下的个人资源开放和融合，可以更好地促进线上与线下任务的集成，实现各种商业与公共服务的无缝衔接，解决服务资源供应的"最后一公里"难题。

第二，移动智能终端（智能手机、平板电脑、笔记本电脑等）的全面普及，不仅能够充分满足人们在移动办公、协同工作等方面的需求，同时还将加速物联网在世界范围内展开，这也使大数据开始逐渐成为云计算的重要应用。

第三，云计算使得开源思想、微服务与容器技术变得异常火热，以 OpenStack、CloudStack 为基础的开源云，以 Docker、Kubernetes 为代表的容器技术等新热点涌现，这些技术推动云计算市场走向新的竞争点，并且在很大程度上能够重塑当前的竞争格局。与此同时，云服务供应商对开源技术和容器技术的重视程度也在不断提升：大多数云计算平台的核心都基于 LAMP 开源技术，国内的阿里巴巴、腾讯、华为等企业已开始使用开源云计算平台，并深度参与 OpenStack 等众多开源云计算项目；容器技术通过结合 DevOps 流程与微服务理论，实现敏捷软件开发与自动化部署，完美解决了传统开发模式下代码集成困难、测试周期长、成本高等诸多难题，这将给予云计算 PaaS 市场全新的变革力量，微软、IBM 等云服务供应商开始积极寻求与 Docker 相关的战略合作，并且大多数云服务供应商已宣布支持 Docker 及其生态系统。

第四，由于行业间需求的大相径庭、行业内需求的快速变化，单一的云服务已不能满足所有行业的需求。在这个背景下，云计算技术必须不断升级，对不同行业提供更具针对性的解决方案与更加定制化的云服务，从而满足当下的市场需求。这也将加速云应用在各行各业中创新实践的落地周期。例如，企业级移动 SaaS 服务正在成为云服务领域的创新亮点，大量的移动产品正在逐步向各个行业领域推广与渗透。

传统的行政、教育、交通等行业在与云计算、大数据、移动互联网等新兴技术进行深度融合后，也被赋予了全新的生命力。

对于百姓和政府工作人员而言，通过使用云计算与政府相结合而产生的电子政府云，不仅为"数据多跑路、百姓少跑路"成为现实提供了重要基础，也极大提高了政府的工作效率和服务水平。

对于学习者和教育者而言，通过使用云计算与教育结合而产生的教育云，一方面，促进教育公平，使得地域教育差异、城乡教育差异等问题得以解决；另一方面，降低教育成本，学校和教育部可以通过统一平台对师生、教育资源进行集中管理，避免重复投资。

对于患者和医院而言，通过使用云计算与医疗结合而产生的医疗云，可以打破该领域资源总量不足、分布不均匀等现象，解决患者"看病难"的问题，大大提高医疗行业的就诊效率和患者体验满意度。

对于日常出行而言，通过使用云计算与交通结合产生的交通云，不仅能够合理规划路径，大大缩短因车辆拥堵需要等待的时间，更能够保障优先让行特殊车辆（救护车、警车、消防车等）。

对于文职人员而言，通过使用云计算与办公软件结合产生的办公云，既能够通过云计算实现文件的即时共享，支持随时随地的文件获取、修改，也能打破空间与时间的束缚，进而增强小组内部的协作能力。

当然，云计算与传统行业产生的新兴应用不仅限于此，关于具体的云应用，我们将在第五章"云应用"中详细讨论。

第三章
云世界

　　本章主要讲述世界范围内一些关键思想与技术的产生，以及对云计算发展所带来的影响，大致分为四个部分：

　　第一部分，两源之争。开源与闭源两种思想从产生之初就站在了各自的对立面。如今，开源软件已成为大多数云服务平台的核心软件，而开源潮流似乎也已不可阻挡。

　　第二部分，三云演义。这部分介绍了云市场中最主流的3种服务模型——公共云、私有云和混合云各自的特点，并进行总结。

　　第三部分，软件定义一切。云计算当下的两大技术需求是服务规模与灵活性。随着云服务规模逐渐变大，如何保证灵活性是一个至关重要的问题。而软件定义的兴起将为灵活管理提供一个有效的解决途径。

第四部分介绍国外知名企业的云计算平台，这些平台在国际云市场中占据较高的份额。如今，这些企业的云服务大多已步入业务成熟期。其平台的特点与创新点非常值得正处于发展阶段的国内云企业借鉴、思考和学习。

两源之争

开源和闭源并不是新概念，两者都代表了一种软件发布模式。开源即开放源代码，指伴随着软件的发布，发布商也将源代码公开，用户可以任意传播、编译、修改源代码，也可以将自己的修改提交至开源社区，帮助发布商进一步完善代码。闭源指任何没有开源许可的程序，软件发布商单独持有源代码，从而保证源代码不会被大众所知而影响其盈利。

开源、闭源最开始的斗争并不是不同软件模式的斗争，而是两者思维模式和意识形态的碰撞。随着将软件作为额外收入这一观点被越来越多的公司采纳，源代码被软件发布商作为商业秘密独自持有，绝不会向外公开。软件发布商认为源代码和软件属于知识财富，而知识财富所蕴含价值的最直观表现形式便是交易。因此，通过交易来确定源代码、软件的所有权和价值度量无疑是最重要的。

随着黑客文化的影响，大多数黑客开始意识到开源才是软件的真正表现形式，代码不仅属于知识财富，更是属于全人类的精神财富。代码在最大限度上的传播、分享、融合才符合人类最重要、最根本的价值取向。

开源软件的发展绕不开自由软件运动（free software movement，FSM），而这之中又必然涉及两位著名的黑客。第一位黑客是被称为 Emacs 之父的理查德·马修·斯托曼（Richard Matthew Stallman，RMS），他的一生都在为自由软件运动和心中理想的黑客文化奋斗。20 世纪 80 年代，由于当时的 UNIX 操作系统 100% 被商业企业闭源控制，这使得专利软件大有要取代黑客文化的趋势，令 RMS 感到气愤无比。于是，RMS 在 1985 年发表了著名的 GNU 宣言，其目的是开发一个完全自由、免费的类 UNIX 操作系统，该宣言标志着自由软件运动的开始。自由软件不同于免费软件，它的自由指用户运行、复制、发布、研究、修改和改进该软件的自由。同年 10 月，RMS 又创立了自由软件基金会（Free Software Foundation，FSF）来协助 GNU 计划。1989 年，为了确保 GNU 项目代码能够被任何人自由使用、复制、修改及发布，RMS 起草了 GPL（General Public License，GNU 通用公共版权）协议。在 GPL 协议中，RMS 创造性地提出了 copyleft（反版权）概念来表明其对专利软件、商业垄断的不屑，当然也有人认为他这种做法太过激进。与此同时，GNU 项目中除最重要的操作系统内核之外，其他绝大多数组件都已经完成，可以说是万事俱备，只欠内核。这时候，第二位黑客林纳斯·托瓦兹（Linus Torvalds）也登上了开源软件的舞台。1991 年 10 月，林纳斯在发布会上正式对外宣布 Linux 内核的诞生，并且在 1994 年 3 月正式采用 GPL 协议。后来，随着开发、维护、使用 Linux 内核的程序员越来越多，Linux 理所当然成了 GNU 操作系统的内核，即 GNU/Linux 体系。如今，林纳斯受聘于开放源代码开发实验室，全力开发 Linux 内核。

开源软件的正式登场还要再过一段时间。1998 年 1 月，网景公司为了与微软的 IE 浏览器竞争市场，将其旗舰产品 Navigator 浏览器的代码开源发布为自由软件。这时候，以埃里克·史蒂文·雷蒙德（Eric Steven Raymond，

ESR）为首的一批黑客终于意识到 GNU/Linux 体系产业化道路的本质，并非什么自由哲学，而是市场竞争的驱动。同年 2 月，ESR 等人创立了 OSI（Open Source Intiative，开放源代码促进会），旨在创立一个推动开源软件发展的非营利组织。如果说自由软件运动颠覆了 UNIX 系统的商业垄断，那么开放源代码促进会就是通过开源来促进未来互联网的发展和进步，开创了一种全新的商业模式。

这时，开源软件与自由软件有了一些不同：开源软件的发布商通常会在保留一部分权利的情况下（如保留版权、开发限制等）开放源代码，允许用户对代码进行学习、研究和改进，以提高这款软件的质量。而自由软件是一种定义较为严格的开源软件，从某些层面来讲，自由软件更像是一种思想，意味着毫无保留，任何人都可以不受限制地、自由地使用、复制、研究、修改和分发的软件，甚至是交易，而且所有使用自由软件的人，也必须毫无保留。即开源不一定自由，但自由一定开源。

毋庸置疑，开源软件给传统专利化商业模式带来了很大冲击。大量程序爱好者、无业程序员投身于开源社区，改进、提交开源项目代码来证明自己的价值。开源软件同时也让传统的"商业＋闭源"企业重新审视自己的产品和业务，并且更加注重开发人员的质量，而非数量。在某种程度上，开源软件是一把双刃剑，开源软件将知识公有化，一方面为软件开发者提供了新的就业机会，另一方面，那些大型公司中原有的一些软件开发者面临着新的挑战，随时可能会被比其更优秀的人取代。

如果仅从软件层面去考虑，那就是利大于弊了。首先，开源软件具有很好的兼容性和移植性——优秀的开源软件能完美地支持多平台，但闭源软件不一定能做到100%的保证。例如，Windows系统中很多优秀的软件（Photoshop、CAD及大多数游戏软件）就没有Linux版本。其次，深受黑客文化的熏陶，大多数程序员更偏向于开源软件的开发，高质量的开源项目往往能吸引大量的程序员、软件爱好者来协助开发，及时修复出现的问题，并通过安装插件来满足每个人的需求。根据统计，开源系统Ubuntu的发布频率和更新频率都远高于Windows。因此，更新的及时性、对于漏洞的修复速度也是开源软件相对于闭源软件的优势。

在我们的日常生活中，开源软件、开源项目随处可见。例如，Android手机、电视机顶盒，甚至是取款的ATM机，都是基于林纳斯的Linux系统改进的。开源项目已经悄无声息地潜入我们的社交、出行、医疗等各类活动中。2007—2015 年全球开源项目持续增长（图 3.1），我们有理由相信开源软件、开源项目在未来将得到类指数级别的增长。

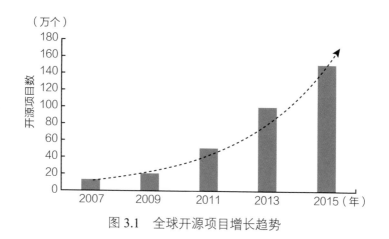

图 3.1　全球开源项目增长趋势

不仅如此，开源技术还为云计算提供以低成本、高盈利为特点的商业模式。纵观云计算过去十几年的发展，大多数企业提供的云计算平台的核心都是 LAMP 技术。LAMP，即一组常用来搭建动态网站或服务器的开源软件的首字母连写——Linux（操作系统）、Apache（HTTP服务器）、MySQL（有时也指 MariaDB，数据库软件）和PHP（有时也指 Perl 或 Python，编程语言）。从成本角度来看，开源软件向中小型企业提供了一种资金与技术上的

"绿色通道"——让他们仅通过少量资金与技术成本,就可以使用和大型公司一样的主流开源软件。

毫无疑问,云计算与开源软件的结合,有望打破互联网市场上少数行业巨头的垄断布局,功能越来越强大的开源软件也让软件行业的竞争更加公平。开源软件和云计算的低成本能够弥补中小型软件企业与商业巨头在开展新业务时的前期资本的悬殊差异,这将打破传统商业巨头对于技术的垄断,使中小型企业处于一个更加有利和主动的地位。从目前来看,开源软件的潮流似乎已不可阻挡,谷歌、微软、Apache、阿里巴巴等互联网巨头也逐渐加入了开源软件的大军。

三云演义

根据 NIST 对于云计算的官方定义,云计算有四大部署模型:公共云、私有云、社区云和混合云。由于社区云市场的占有量相对较少,只有特定领域(医疗、旅行、销售等）的组织或联盟才会用到这一部署模型。而且从本质上讲，社区云可能为了满足特定领域的需求而包含公共云、私有云或混合云，兼顾另外三种云的特点，因此本节不对社区云做单独讨论。

如今，云计算的市场格局大致是三分市场——大部分市场被公共云、私有云及混合云三种部署模式占据。

对公共云、私有云、混合云定义区分的关键是云的服务对象。公共云，即公有的云服务，表明该类云服务主要为大众提供服务，而非私人拥有。这类云服务平台通常由技术供应商持有并管理，并通过按需付费的方式向多个用户提供服务。从用户角度来看，其可以提供的服务似乎是无限的。与之相反，私有云的服务对象通常是一个组织或企业而非普通大众，这类云服务平台给予企业更多的个性化设置及安全的解决方案，使企业对管理平台拥有更多的控制权。混合云则是集公共云的便捷性与私有云的安全性于一体：使用混合云的企业，可以通过将敏感数据、关键业务放在私有云中存储及运营来保障数据的安全性，同时在私有云计算资源不够时，又按需使用公共云中的计算资源来满足计算需求，计算资源超出部分按需收费，从而既保障了安全性，又达到了省钱的目的。

公共云技术出现得最早，微软 Azure、亚马逊 AWS、谷歌云、阿里云、华为云等云服务都是在业界备受好评的公共云。其主要有如下优点。

数据共享、随时访问

在公共云服务中，数据只有一份，保存在"云"的另一端。随时随地，用户只要通过电子设备连接互联网，就可以使用同一份数据。用户可以在任何地方用任何一台电脑或手机上传、访问或修改数据，然后与其他人进行数据共享。

低成本、高性能

许多中小型企业由于前期起步时的资金预算不足，不太可能一次性付清私有云或基础设施的全部费用。采用公共云意味着前期的资金投入将大大减少，只需按月、按次向云服务供应商支付实际使用费，就可以获得与成本相匹配的服务，并且从用户角度来看，公共云能为用户提供近乎无限强大的存储、内存、网络等计算能力。对于规模较小、实力不强的企业来说，公共云显然是一个明智的选择。

灵活可扩展

在公共云计算模式下，基于其快速弹性的特点，企业几乎可以立即获得配置和部署新的计算资源，这使得企业发布的新产品和提供的新服务可以第一时间实现上市或上线。

在运行、运营维护阶段，企业根据实际需求变化，进行计算资源动态分配与释放也会变得非常轻松。很多公共云服务供应商提供的服务还包括自动扩展功能，用户不必考虑何时要增添计算实例或存储——这一切都将基于快速弹性自动完成。

可靠且节能

如果企业无法为自己的系统管理做好故障备份，那么公共云服务不失为一个不错的选择。例如，有些企业不能为数据中心提供充足的、稳定的电力，断电故障对于内部云来说是致命的，尤其是在没有后备保障措施的情况下。这不仅会影响最终用户对于数据的访问，更有可能造成内部数据的永久性丢失。在选择公共云服务之后，这些企业可以让 IT 部门的员工把精力集中在其他工作上。

使用公共云服务可以让多个用户共享硬件和软件资源，更高效地提高资源利用率，又因消耗的电力不变而有效实现节能减排，为构建绿色网络做贡献。

尽管公共云有数据共享、按需付费、供应商维护等优点，但公共云也存在数据安全隐患、最终成本不可估计、定制化需求较少等缺点。这些优点和缺点都是与生俱来的，可以说是一枚硬币的正反面，有此必有彼。因此选择公共云服务的企业大多是前期资金预算不足、计算力需求较高、数据隐私不敏感的中小型企业。

大型企业在云服务的选择上更偏爱私有云，尽管私有云起步较晚，但其相对于公共云却有着如下优点。

数据与业务的安全性

敏感数据与关键业务等元素掌控着部分企业（尤其是银行、保险公司等大型企业）的发展命脉，绝不能受到任何形式的威胁。因此，这些企业在短期内不会将带有敏感数据与关键业务的应用放在公共云这一开放式的环境下运行，而是选择在企业内部的防火墙之后，通过自行搭建私有云来保障敏感数据与关键业务等元素的安全。

稳定的服务质量

与公共云服务器遍布世界各地不同，私有云一般搭建在企业内部的防火墙之后。当公司内部员工访问在私有云上运行的应用时，私有云能够提供非常稳定的服务，实时快速对外部请求进行响应与改变，进而保障对外部客户的服务质量。

定制化的需求

当下，大多数企业的定制化需求主要体现在更多的企业自主权上，这也是它们为什么选择自行搭建私有云的根本原因：一方面，私有云使得企业具有更多的权限，能够根据企业的自身需求自行定制更符合企业发展实际需求的云；另一方面，私有云的搭建一般使用专有基础设施，企业可以由此来控制和管理在私有云上部署的应用程序。

利用遗留的硬件和应用

通常，企业特别是大型企业发展到一定时期，内部会有很多创办初期遗留并一直使用的硬件和应用，而且这些遗留的硬件和应用大多是公司业务运行的核心。虽然公共云技术发展迅速，但公共云仅支持一些主流的软、硬件版本，这极有可能引起兼容性问题——公共云无法运行遗留的硬件和应用。相反，私有云在这方面就具有很大的优势：私有云能够给予企业更多的控制权，企业可以通过改造原有的数据中心，搭建内部云计算平台，从而充分利用遗留的硬件和应用。例如，IBM 旗下的 Cloudburst 能快速便捷地帮助企业搭建基于 Java 的私有云。私有云包含的一些工具也能迅速帮助企业通过现有的资源搭建云计算平台，降低企业的运营成本。

这些优点也让私有云产生了成本较高、管理较复杂、灵活性较低等缺点。然而，大型企业拥有大量的运营资金和 IT 员工，且在处理这些问题时都已具备一套完善的解决方案，又因为大型企业更关注安全性、定制化等优点，所以他们更偏爱私有云。

混合云内部包含了两种或两种以上类型的云，从而兼顾以上两种云的优点：一方面，混合云可以通过公共云来实现灵活性、扩展性，以及近乎无限的计算能力，并且只需要根据情况来按需付费；另一方面，混合云可以通过私有云来保护敏感数据，实现企业定制化需求。

在云端系统之间进行负载平衡的云爆发（cloud bursting）技术就是一种混合云。云爆发是设置于私有云和公共云之间的一种配置，用来处理 IT 需求中的资源高峰。当爆发式突发请求发生时，如果企业使用私有云达到其 100% 的资源容量，可以将溢出的流量导向公共云，通过公共云近乎无限的计算资源，保证服务不中断，从而保证企业的 QoS（quality of service，服务质量）不受影响。我国每年的天猫"双十一"购物节、12306 网站春节售票都是使用云爆发技术的经典场景。

除了高灵活、高可扩展，云爆发的关键优势在于节约成本。用户仅在需要这些资源时支付这些额外资源的费用，不再需要为未使用或尝试预测的需求高峰和低谷付费。应用程序平时可运行在私有云，保证企业数据的安全性及规格，在达到需求高峰后，按需将其部署到公共云来满足计算资源。此外，云爆发还可以用于分担私有云的处理负担，例如，将非敏感数据的高性能应用程序移动到公共云运行，以便关键性应用程序在私有云中获得更多的资源。

企业使用混合云时，除了需要考虑数据安全性、数据规格等问题，还应当注意不同云平台之间的兼容性，因为私有云和公共云的不同环境可能导致应用程序不兼容，所以通常要求选择所有环境都相同的平台来构建混合云。

在本节的最后，我们通过表 3.1 来比较这三种云部署模型的特点。

表 3.1　三种云部署模型的比较

项　目	公共云	私有云	混合云
成　本	较低	较高	适中
运营方	第三方供应商	企业自身	自身、第三方
灵活性	较高	较低	较高
扩展性	较高	较低	较高
安全性	较低	较高	较高

续表

项　目	公共云	私有云	混合云
定制化	基本没有	高	部分
数据共享	较高	无	部分
数据规格	不统一	有内部统一规格	部分统一
硬件共享	较高	无，内部专用	部分
硬件投资	较低	较高	适中
计算资源	近乎无限	有限	近乎无限
适用企业	中小型企业	大型企业	突发请求频繁
管理难度	较低	较高	较高
开源技术	有，较高	可能有，较少	有
总体成本	不可估计	可粗略估计	不可估计

软件定义一切

如今，一些云计算初期的核心技术已经不再是热点，云计算的研究也正在偏向对现状需求的分析。如果我们透过云计算的基本特征来看云计算的技术需求，不外乎两点——服务规模与灵活性。

一方面，我们需要基于广泛的网络访问，向上为用户提供按需服务。根据用户的需求，将基础设施、平台、软件等功能以服务的形式通过互联网进行交流，使用户可以只使用功能，不需要拥有相应的软件。另一方面，企业需要对庞大的各种应用资源系统进行高效、灵活的管理，包括资源池化、快速弹性、服务可计量等，原因是企业要面对互联网上海量的用户群体，也迫切需要软件提供高效、灵活的管理，管理企业的计算资源、存储资源和网络资源。不仅如此，大型企业还要基于这些庞大的共性资源，提供面向不同需求的个性化定制服务。

回头去看早期的云计算市场，2006年的亚马逊AWS提供的云计算服务，不过是自身数据中心虚拟化，甚至仅仅只是服务器的虚拟化。但随着云计算概念、基本特征、服务模型和部署模型逐渐完善，云计算开始真正成为一种改变现有基础设施、平台管理及应用的全新IT模式。这期间，云计算对规模和灵活性的技术需求越来越高。

虚拟化、资源池化等云计算的基本特征，本质目的都是让企业能够灵活地管理IT业务，顺利地使用数据中心内的计算资源。但随着一个企业的数据中心规模越来越大，数据种类越来越多，容量越来越大，其访问、检索等功能的灵活性必然会有一定程度的下降。

　　云计算恰恰既要保证规模又不能损失灵活性：一方面，云计算按需分配、服务可计量等特征，要求数据中心能够满足不同业务的需求，为服务对象提供近乎无限的计算资源，从而保证在不同负载峰值下，业务所需计算资源的规模；另一方面，云计算快速弹性的特征则要保证灵活性，要求数据中心必须能够快速地响应峰值变化所带来的需求变化。

　　随着云计算的发展，人们逐渐发现，传统的虚拟化——服务器虚拟化、存储虚拟化、网络虚拟化并不能完全满足云计算的需求，计算资源的供给模式要做出改变，数据中心的交付模式也要做出改变，交付单元的颗粒度要变得更大；传统的服务器＋存储模式已不再适用于云计算的动态的、快速的资源交付；更重要的是，云计算涉足的领域越来越多，其面临的工作负载也越来越多，不同的业务需求也越来越复杂。如何保证灵活性不下降呢？

　　云计算想要拥有足够的灵活性，至少需要满足两个条件：一是能够摒弃物理上的差异，将物理层完全封闭起来，真正做到硬件资源的集中资源池化；二是由软件根据工作负载或用户需求的变化，来实现前面所说的对物理层的封闭和资源池化，并由软件向硬件提供足够的自动化、智能化、可管理性，即硬件虚拟化。

软件定义的兴起，为云计算实现这种高效、灵活的管理提供了一个重要途径。2008 年，斯坦福大学 Nick、Mckeown 等十余位教授联合承担美国自然基金首批重大项目 POMI（Programmable Open Mobile Internet，2008—2012 年），将传统的交换机通过软件的方式定义为三层架构，开发出 OpenFlow（新型网络交换模型）解决网络资源的可编程管理。时隔一年，斯坦福大学又在动态网络和 OpenFlow 基础上，提出了软件定义网络（SDN）这一概念。与传统架构相比，SDN 利用分层思想，将数据层和控制层相互隔离：控制层包含逻辑中心化和可编程的控制器，以掌握全局网络信息，方便运营商和科研人员管理配置网络和部署新协议等；数据层通过交换机提供简单的数据转发功能，从而快速处理匹配的数据包，适应流量日益增长的需求；在数据层与控制层之间，采用 OpenFlow 等开放的统一接口进行交互，控制器通过该接口对交换机下发统一的标准规则，交换机仅需按照这些规则执行相应的动作即可。

当时，软件定义的思想比较简单，软件负责管理、控制和调度硬件资源，硬件负责运算和执行。这一思想以虚拟化技术为基础，既解决了资源使用效率过低的问题，也极大地提升了资源的弹性和灵活性。从 2009 年开始，VMware、IBM、惠普、EMC、思科、华为等行业巨头纷纷投身于软件定义的解决方案，并在企业经营与研发中得到实践。从软件定义网络到软件定义存储，再到软件定义数据中心，软件定义已经从根本上解决了传统 IT 架构，甚至虚拟化架构无法解决的问题。

再回到软件定义本身，软件定义是希望把原来整个一体化的一体式硬件设施相对拆散，变成若干个部件，然后用这些基础的硬件建立一个虚拟化的软件层，通过对虚拟化的软件层提供 API，再通过管控软件对整个硬件系统进行更为灵活的管理，开放灵活、智能的管控服务。其技术本质即硬件资源虚拟化，管理功能可编程——硬件资源可抽象为虚拟资源，然后用系统软件对虚拟资源管理和调度，即在硬件资源虚拟化的基础上，用户可编写应用程序，满足访问资源的多样性的需求。可以说虚拟化技术使软件定义焕发生机，而软件定义又使云计算迎来自己的第二春。

软件定义数据中心（softwares defined data center，

SDDC）解决的核心问题是如何让客户以更小的代价来获得更灵活的、快速的业务部署、管理及实现。在 SDDC 中，硬件资源通过软件进行资源池化，从而实现硬件资源在管理与调度上的敏捷性与灵活性。从用户角度来看，其收益不仅是潜在的成本节约，更是自动、灵活、托管式应用管理，更进一步而言，这可以让用户更简单地进行新产品或新服务的交付。这也是为什么说 SDDC 是解决云计算中实现灵活管理的重要途径。

SDDC（其架构见图 3.2）最底层是物理硬件基础设施，包括计算硬件、网络硬件和存储硬件。SDDC 通过软件来

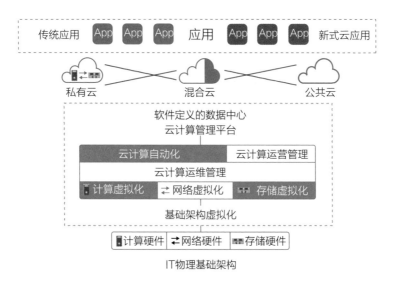

图 3.2　SDDC 架构

统一管控硬件，因此对硬件环境的依赖较小，可以充分发挥新旧硬件的共同作用。在 SDDC 最顶端的云计算部署模型，在上节已经进行了详细的介绍，这里不重复介绍。处于两者之间的就是 SDDC 的核心——SDDC 与硬件的透明化结合——通过软件定义实现硬件的虚拟化，带来更加智能化、自动化的管理和编排，提升云平台资源池的管理和使用效率。

　　SDDC 是为云计算资源管理提供灵活性的前提，为使软件自身也拥有极大的灵活性，要求软件不被束缚。高度灵活、不被束缚的软件需要与底层硬件解耦，使其功能不再依赖特殊、定制化、非标准化的硬件，在成本相对更低的通用化平台上即可实现全部的软件功能，继而逐步用其替代软件、硬件紧耦合的专用平台，进一步降低云计算的成本。

　　事实上，无论是横向扩展的分布式架构，还是 SDDC，对于云计算相关的这些技术、产品和解决方案来说，有一个目标是两者共同追求的——需求标准化的通用基础设施。这一需求体现在 SDDC 的底层架构必须采取业界标准化、开放化、通用化的技术来趋于统一，从而更充分地发挥现有硬件的能力，更合理地利用硬件资源，为用户节约成本。这也正是软件定义所要表达的核心思想。

　　未来是一个人、机、物融合的环境。在人、机、物融合的环境里，信息基础设施是海量异构的各种软件、硬件资源。人类需要把各种各样的信息资源连到一起，信息资源又要和各种社会资源、物件、设备硬件资源关联起来。在云计算、大数据、人工智能、共享经济、平台经济等新概念之下将形成一个场景——万物皆可互联，一切均可编程。这个场景必须依靠软件定义的方式来实现，因此，未来世界一定是一个离不开软件的世界，并且随着海量且多元的数据和信息资源不断涌入人类的生活，我们必须使用新的软件定义方式来对资源进行高效、灵活地管理和调度。

世界云计算市场

　　虽然世界云计算市场中有大量云企业，但市场份额往往掌握在少数互联网巨头手中，这些巨头企业不仅在云领域入门早，而且已不断地发展出企业自身的特色。根据

2017 年云市场占有份额数据，Synergy Research Group 对全球十大云计算服务供应商进行排名，其中亚马逊以 33% 稳居第一，接下来则是微软、IBM 和谷歌，我国的阿里巴巴位于前五（图 3.3）。

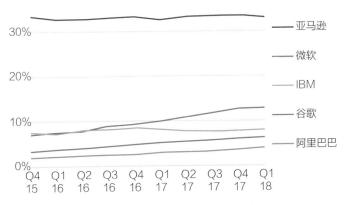

图 3.3 2017 年世界云市场占有份额
来源：Synergy Research Group。

本节将详细介绍亚马逊云、微软云、谷歌云及 IBM 云，同时简要介绍 Oracle 云、Rackspace 等市场相对较少的云计算平台。

亚马逊云：AWS

AWS，即亚马逊 Web 服务，是亚马逊于 2006 年推出的专业云计算服务，通过 Web 服务的形式向企业提供 IT 基础设施服务。AWS 是世界上最早的云计算服务平台，正是由于亚马逊对于云计算研究投入早、运转周期长，使其最先步入业务的成熟期。如今，亚马逊云已然稳坐世界云服务市场的头把交椅。根据 Canalys 的 2018 年世界云市场份额统计可以看出，亚马逊占据了世界 32% 的云服务市场，随后为微软 Azure、谷歌云、阿里云、IBM 云、Salesforce、Oracle 云、NTT 通信、腾讯云和 OVH。

AWS 提供了大量基于云的全球性产品，其中包括计算、存储、数据库、分析、联网、移动产品、开发人员工具、管理工具、物联网、安全性和企业级应用程序。这些服务可帮助组织快速发展、降低 IT 成本及进行扩展。例如，Amazon EC2、Amazon S3 都是 AWS 中比较具有代表性的服务。

Amazon EC2（Amazon Elastic Compute Cloud）

Amazon EC2 即亚马逊弹性计算云，是一种 Web 服务。用户可以在云中获得安全且完全可控的计算资源，该服务旨在让用户能够更轻松地进行 Web 规模的云计算。Amazon EC2 不仅具有云计算所有的特征，而且其 Web 服务接口非常简单，用户从获取、配置到新服务器实例的启动仅仅需要数分钟。此外，Amazon EC2 还为用户提供了创建故障恢复应用程序及排除常见故障情况的工具。

Amazon S3（Amazon Simple Storage Service）

Amazon S3 专为从任意位置存储和检索任意数量的数据而构建的对象存储，这些数据包括来自网站和移动应用程序、公司应用程序的数据，以及来自 IoT 传感器或设备的数据。S3 旨在提供 99.999999999% 的持久性，并存储每个行业市场使用的数百万个应用程序的数据。S3 让用户能够灵活地管理数据，以实现成本优化、访问控制和合规性。此外，S3 还提供即时查询功能，使用户可以在 S3 中直接对静态数据进行强大的分析。

亚马逊云服务从未间断过对大规模应用的推广与创新，据官方统计，亚马逊 2012 年推出 159 项重大功能和服务，2013 年推出 280 项，2014 年推出 516 项，2015 年推出 722 项，2016 年推出 1017 项。

AWS 云在全球有多个基础设施的部署地点——遍及全球 21 个地理区域内的 64 个可用区。与几乎所有其他技术基础设施供应商不同的是，每个 AWS 区域都包含多个可用区和数据中心，例如，在中国的北京和宁夏各有两个可用区。这种方式，一方面，通过多个可用区实现高可用性：如果注重应用程序的可用性和性能，用户能够在同一区域跨多个可用区部署这些应用程序，以获得容错能力并降低延迟。另一方面，借助于区域之间的复制提高持续性：除了在同一区域中使用可用区跨多个数据中心复制应用程序和数据，用户还可以选择在地理区域之间复制数据，以进一步增加冗余并增强容错能力。

目前，AWS 云提供的技术基础设施平台已经有超过一百万活跃客户在使用，这些客户中包括小红书、蒙牛、OPPO、美的、亚信在线、爱奇艺等知名企业。很多大型企业和热门的初创公司都信任 AWS，并通过这些服务为各种工作负载提供技术支持，其中包括 Web 和移动应用程序、游戏开发、数据处理与仓库、存储、存档及其他工作负载。

微软云：Azure

微软在云计算市场的起步不算晚，早在 2008 年 10 月 27 日就发布了其名下的云计算平台——Microsoft Azure。Azure 的主要目标是为开发者提供一个平台，帮助开发可运行在云服务器、数据中心、Web 和 PC 上的应用程序。云计算的开发者能使用微软全球数据中心的储存、计算能力和网络基础服务。

尽管起步晚于 AWS，但是 Azure 也在不断创新中发展出了自己的优势。除了云服务平台按需付费、灵活扩展、快速搭建等特点，Azure 还具备如下优势。

数据和服务的安全性：Azure 非常重视保护客户的数据，数据完全由客户自主控制。例如，中国地区的 Azure 服务存储的所有数据都被加密，只有客户才有密钥。

灵活开放：Azure 属于开放性平台，同时提供 Windows 和 Linux 虚拟机，支持 Docker、PHP、Node.js、Python、MySQL 等大量开源工具。以"微软爱开源"的基本原则，Azure 云服务支持数百万开发人员和 IT 专业人士依赖并信任的相同技术。

可靠性强：Azure 的平台设计完全消除单点故障可能，并提供企业级的服务等级协议（SLA）。它可以实现异地多点备份，带来万无一失的防灾备份能力，让用户专心开发和运行应用，而不用担心基础设施。

融合本地 IT 设施和公有云：Azure 是最适合混合 IT 环境的公共云平台。它为企业提供了从本地到云端的整合式体验，覆盖包括存储、管理、虚拟化、身份识别、开发在内的方方面面，帮助用户轻松将公共云融入自己的 IT 财产。

Azure 还有业界首创的知识产权全方位保护计划，旨在帮助 Azure 客户保护基于云计算的创新和投资，抵御知识产权诉讼和风险。通过 Azure 知识产权全方位保护计划创造一个生态系统，其中的开发人员、初创公司、企业和客户都可以没有后顾之忧地专注于创新。正因如此，Azure 在市场上拥有一大批忠实的客户，如招商证券、摩拜单车等国内企业，科勒卫浴、波音、宝马等大型跨国公司都是使用其云服务的一员。

在中国，Azure 中国世纪互联是一个主权云，即位于中国大陆的云服务的物理独立实例，由世纪互联在中国大陆独立运营的公共云平台，与全球其他地区由微软运营的 Azure 服务在物理上和逻辑上独立，采用微软服务于全球的 Azure 技术，为客户提供全球一致的服务质量保障。所有客户数据、处理这些数据的应用程序，以及承载世纪互联在线服务的数据中心，全部位于中国境内。位于中国东部（上海）和中国北部（北京）的数据中心在距离相隔超过 1000 千米的地理位置提供异地复制，为 Azure 服务提供业务连续性支持，实现了数据的可靠性。

在网络接入方面，世纪互联运营的 Azure 数据中心通过 BGP 方式直接连接多家主流运营商（中国电信、中国联通、中国移动）的省级核心网络节点，可为用户提供高速稳定的网络访问体验。位于中国东部和北部的两个数据中心采用相同的地址广播和 BGP 路由策略，用户可以就近访问位于上述两个数据中心的 Azure 服务，达到最佳网络性能体验。

谷歌云：GCP

谷歌云计算与亚马逊 AWS 几乎在同一时间出现。2006 年 8 月 9 日，谷歌首席执行官埃里克·施密特（Eric Schmidt）在搜索引擎大会（SES San Jose 2006）首次提出"云计算"的概念。借助于谷歌云平台（Google Cloud Platform，GCP），用户可以在高度扩展且可靠的基础架构上为 Web、移动和后端构建解决方案，或测试和部署应用程序。

谷歌云为计算、存储、网络、大数据、机器学习、操作等提供全面的云产品和服务。当下，基于种种原因，谷歌云市场份额并不如 AWS 和 Azure，但仅是用户选择，而无关平台好坏，谷歌云还是有很多值得选择的优点。

价格优势：在计算和存储成本方面，谷歌云具有明显的优势。例如，在 AWS，两个 CPU/8GB RAM 每月要花费 69 美元，而在 GCP 只要 52 美元（便宜了 25%）。

除了便宜的价格，GCP 还提供了更好的成本结构。例如，Azure 等云计算平台大多支持按小时付费模式，但

GCP 提供每秒付费模式。如果使用云端，启动时间相对较短，那么这一点就显得很重要。例如，某个分析工作共耗时 1.01 小时，GCP 将按照 1.01 小时来收取计算费用，而 Azure 会按照 2 小时来收取。

实例配置更灵活：除了与 AWS 一样有类似的预定义的实例类型，GCP 还可让用户自行定制要使用的 CPU 和内存数量。例如，实例类型 N1-STANDARD-1 配备了 1 个 CPU 和 3.75GB 内存，但你可以选择有 1 个 CPU，内存上可以自由选择是要 1.75GB、4.25GB 或是 5GB RAM。如果你的计算需求处于两种实例之间，那么自定义机器类型会使成本显著降低。

开源支持：谷歌云平台能够与 GitHub 仓库等开源社区进行交互，意味着平台拥有大量的开源软件供客户使用。同时，客户在谷歌云上构建解决方案时，可以同开源社区的人员进行交流。

提供免费服务：GCP 不仅有 12 个月 300 美元的试用额度，同时还向用户提供一个不受时间限制的免费层。例如，你可以免费获得一个 0.2CPU/0.6GB 内存、带 30GB 磁盘存储和 5GB 云存储的实例。尽管实例的配置不高，但完全够用户在谷歌云上永远地运行一个小型网站。

尽管市场份额不高，但谷歌非常专注于对云计算关键技术的研究，涉及领域为大数据与分布式系统的研究。这些技术都成为谷歌云平台的重要基础，为用户提供更高、更快、更好的服务质量，主要包括以下四种（其架构与关系见图3.4）。

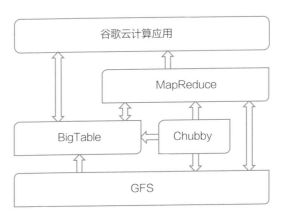

图 3.4　谷歌云计算技术架构与关系

分布式文件系统——GFS

GFS 是一个可扩展的分布式文件系统，具有海量数据存储和访问的能力，同时还提供实时监控、错误检测、容错、自动恢复等功能。

分布式编程模型——MapReduce

MapReduce 是一种分布式编程模型，用于大规模数据集（大于 1TB）的并行运算。其核心思想是"Map 映射"与"Reduce 规约"。

分布式数据存储系统——BigTable

BigTable 是非关系型数据库，是一个稀疏的、分布式的、持久化存储的多维度排序映射（Map）。BigTable 的设计目的是快速且可靠地处理 PB 级别的数据，并且能够部署到上千台机器上。

分布式锁服务——Chubby

Chubby 是一个面向松耦合分布式系统的锁服务，解决了分布式环境下并发操作同步的问题。GFS 和 BigTable 等大型系统都是用它来解决分布式协作、元数据存储和 Master 选择等与分布式锁服务相关的问题。

此外，谷歌还投身于人工智能领域的研究，AlphaGo 就是最具代表性的产物，其先后击败了李世石等众多人类顶尖围棋高手。2017 年 12 月 13 日，Google 云人工智能和机器学习团队的首席科学家李飞飞宣布，谷歌 AI 中国中心在北京成立，这也标志着 Google Cloud AI、Google Brain 正式与中国本土合作，为我国培养顶尖 AI 人才带来了新的机遇。

IBM 云：IBM Cloud

IBM Cloud 是 IBM 旗下的云平台，其平台的特色就是网络安全和数据分析。无论是用户拥有的数据、防火墙外的数据或即将获得的数据，IBM Cloud 都能协助用户去保护、移动、整合、智能分析这些数据。这对于重视数据安全的企业来说无疑具有很强的吸引力。

2017 年 11 月 1 日，IBM 宣布推出全新 IBM Cloud Private 平台，使用该平台的企业能在本地部署私有云，并获得与公共云类似的云能力来加速应用开发。IBM Cloud Private 用以满足客户在内部可信数据中心内运行弹性工作负载的需求，是一个集 IaaS、PaaS 及开发者服务所需的创建、运行和管理云应用功能于一身的集成平台。IBM Cloud Private 最大的亮点在于：它在 IaaS 层面不仅支持 IBM 自身的解决方案，其他厂商所出的软件平台也都可以在 IBM Cloud Private 上运行。在 PaaS 层面，IBM Cloud Private 使用 Kubernetes 为核心，还能搭配其他开源工具。同时，IBM Cloud Private 还支持早年 IBM 推出的 Cloud Foundry，这使得用户无须担心软件版本老旧而无法在最新云平台上运行，IBM Cloud Private 无条件支持任何 IBM 原有解决方案（其官方架构见图 3.5）。

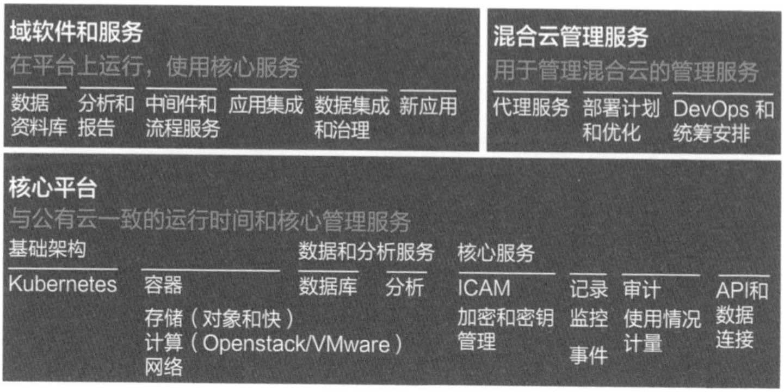

图 3.5　IBM Cloud Private 架构

此外，IBM Cloud Private 还采用微服务架构，具有很高的灵活性，可以快速进行可移植、可互操作的应用开发。在 IBM Cloud Private 云平台基础上，IBM 不仅可以帮助企业获取、存储、分析、部署和管理数据，还能以数据为源，通过深度学习等 AI 技术，结合 IBM Watson 平台，为客户提供覆盖医疗、零售、金融、交通、制造等行业的应用解决方案与服务，加速企业创新与转型。

IBM 云平台的另一大特色就是认知服务——IBM Watson。IBM Watson 是认知计算机系统中的杰出代表，也是一个技术平台，它主要向用户提供三种服务：其一，探析非结构化数据，平台可以处理非结构化图像、电子邮件和社交媒体上的关键信息、模式和关系；其二，基于实时趋势改进决策，利用平台搭建自然语言分类器的解决方案，实时从社交趋势中获得宝贵意见，从而改进决策；其三，快速且安全地构建名副其实的认知性应用程序，Watson Conversation 通过了解和响应用户，可帮助用户缩短上市时间，让用户拥有更出色的体验。

正是基于 IBM 云平台强大的安全性和认知能力，使其在市场中有着大量的忠实客户。例如，美国福特汽车与 IBM 公司进行战略合作，通过对海量信息进行细致分析后，寻找高效的出行决策，如在拥挤的停车场内找到空停车位，或在通勤者遭遇始料未及的交通堵塞时及时提供高效的出行建议；德国工业巨头舍弗勒集团通过使用 IBM 云平台的 Watson 认知服务，实现了从供应链到制造、销售和售后服务的全方位互联和转型，将机械、电子和软件功能组合到各个部件和系统中，监视、报告和管理自己的性能，实现整体运营的数字化，这也使得 2016 年舍弗勒集团净利润飙升 45%。

其他云

Oracle 云

Oracle，即甲骨文公司，其主营业务有服务器、数据库、企业资源计划和客户关系计划。Oracle 云服务可以帮助业务用户和开发人员在云端或内部部署环境中无缝、经济高效地构建、部署和管理负载，是少有的几家能完整覆盖 IaaS、PaaS、SaaS 及 DaaS 层面云服务的公司。MySQL 就是甲骨文公司名下的开源数据库，也是当下大多数云平台在使用的关系型数据库。数据库业务仍然是 Oracle 最大的收入来源，这也是 Oracle 云服务能成功最主要的原因。

Rackspace

Rackspace 是全球三大云计算中心之一，是一家全球领先的托管服务器及云计算供应商。Rackspace 在全球拥有 10 个以上数据中心，管理超过 10 万台服务器。Rackspace 的托管服务产品包括专用服务器、电子邮件、SharePoint、云服务器、云存储、云网站等，在服务架构上提供专用托管、公共云、私有云及混合云。同时，Rackspace 还是 AWS 与 Azure 的技术支持伙伴。

Virtustream

Virtustream 成立于 2009 年，为政府和企业客户提供云端服务，主要负责解决 SAP、Oracle 等关键应用在云上运行的问题。Virtustream 是深受全球组织信任的企业级云供应商，其客户包括可口可乐、SAP、多米诺糖业、海因茨等。Virtustream 在整个云计算市场属于细分市场的挑战者，是托管私有云市场的领导者。

Fujitsu

Fujitsu，即富士通，是世界领先的日本信息通信技术企业，其云计算资源的核心组件（ServerView Resource Orchestrator，ROR）能够实现对 ICT 资源的有效使用，并提高运行和管理效率。ROR 能够根据客户的私有云搭建需求提供最适合的私有云基础架构，通过有效利用服务器、存储、网络等 ICT 资源并提高运行和管理效率，可实现 ICT 成本的最优化。

第四章

云中国

随着信息技术的高速发展，以云计算为代表的变革性技术创新正在不断打破传统的技术垄断壁垒，我国政府和企业非常重视云计算在国内的发展。

本章总结云计算的八大优点，论述我国为什么必须要发展云计算；通过国内大数据统计来分析国内云计算的特点，同时提出这也是国内发展云计算得天独厚的优势；对我国政府重点立项计划的介绍，表明政策对国内云计算的发展起到了积极的引导作用；详细介绍国内较受欢迎的云平台，由于各企业的发展和关注点不同，其云平台的特点也各有千秋；阐述中国云的国际地位，由于我国政府、企业对于云计算的重视，中国云通过自身的努力和创新，发展出独一无二的特点。如今，中国云在世界上已经占有了一席之地。

为什么要发展云计算

云计算的发展似乎已不可阻挡，如洪水般涌入互联网的每一个角落。在我国，无论是政府、企业，还是教育、科研机构，都对云计算这一领域非常重视。究竟云计算有何等魔力，使得各个领域都将其规划进自身的未来发展中?

由于每本书、每个人对于云计算的理解不尽相同，每个领域对于云计算的需求也有所不同，因此无论是哪一方的观点都或多或少会带几分主观色彩，导致结论不够全面。本书综合一些主流观点，将云计算的优点总结为以下八点。

安全可靠、数据共享

传统桌面环境里硬盘的损坏可能会导致数据的丢失，

与之不同，在云端进行的分布式存储绝对不会发生这种情况。分布式存储会自动对用户上传的数据备份，并且避免单点故障带来的数据损失，这极大程度上使得用户可以更加放心地存储数据，把维护数据的工作交给服务供应商。

在云端存储的另一个好处就是数据共享。在任何时间、任何地点，只要用户的电子设备（PC 电脑、笔记本电脑、智能手机等）接入互联网，就可以访问在云端的统一数据。这带来的好处有两方面：一方面，用户再也不用因数据位置的不统一而烦恼，数据有一份在云端，而不是分散在各个不同的电子设备中；另一方面，非常便于群组协作。对于组内的多个用户来说，即使项目、工作跨越不同的地理位置，只要能联网，就能实时访问相同的数据，进行协作。

节约软件、硬件成本

从硬件角度来讲，云计算使得企业不再需要购买大量的基础设施、服务器，只需要根据对硬件的实际需求按需付费，很大程度上节约了企业开销，这对于前期预算不足的中小型企业来说无疑是非常理想的一种方式。此外，节约硬件资源还将带来两个好处：首先，不需购买硬件，意味着存放数据、资源的物理空间都能被节省出来，从而节省更多的费用；其次，随着硬件的逐渐老化，企业无须频繁地更换基础设施与服务器，而是将这些问题转交给云服务供应商，让他们去设法解决。

从软件角度来讲，使用云计算后，企业将不再为每一个员工购买单独的正版使用权，只需要购买一个正版使用权即可。所有员工都可以依靠云计算的共享技术使用该软件，即SaaS。如今，SaaS在业界已经获得越来越多的认可，并且随着它的发展，云计算节省的软件成本将会被更多地体现。

快速搭建

在传统计算模式下，开发公司要在前期购买硬件来构造计算集群，中期进行软件的开发工作，后期对产品运行进行维护，这可以称得上是一段非常冗长的开发周期。云计算带来的好处之一就是能够快速搭建企业应用，缩短产品开发周期。开发人员只需要专注于产品的研发，不再需要为硬件购买、产品维护等阶段苦恼，云服务的供应商会妥善处理。这很有可能比其他企业先行一步，而抢占先机就是抢占了市场。

高度灵活

云计算快速弹性的特征使得云计算具有高度的灵活性和可扩展性。云计算可以随着用户需求的变化，进行适当地上下伸缩（横向伸缩、纵向伸缩）。例如，随着客户数量的增长或面临爆发式的突发请求时，云服务可以动态扩展可用资源以满足需求。从用户角度来看，这个功能带来最直接的好处，就是可以使用户成本始终保持在最低限度，避免了传统模式下过度投资带来的浪费。

这种高度的灵活性也带来了即时软件更新的能力，用户能够即时发布、获取已有软件的最新版本。基于云平台发布的应用程序，一旦软件供应商发布新版本，云平台也将自动更新并即时生效，用户可以始终使用最新版本的软件。

管理轻松、维护简单

由于国内大多数企业的主营业务并不是IT，这是否意味着他们需要花费额外开销来雇佣专业的IT员工管理、维护服务器？在选择云服务后，这些企业可以专注于主营业务的运营，由云服务供应商用更专业的IT人员、更完善的计划来对服务器进行管理与维护，毕竟这也是他们主营业务的一部分。例如，所有硬件维护、软件开发与升级、数据保护，以及各种网络攻击的防范都会由一批专业技术人员在云端处理，使得服务更加贴近大众，同时也减少用户为设备管理和维护所承担的费用。

无限的计算能力

从用户角度来看，云服务可以提供无限的计算能力（内存、网络、存储等）。由于云计算通过资源共享池来分配、释放计算能力和服务能力，服务供应商可以根据用户的实际需求，为其分配合适大小的计算资源。用户使用完毕之后又将这些占用的资源返还到资源共享池中。

兼容性好

在传统计算中，往往存在这样一些令人烦恼的情况：操作系统文件不共享（如 Windows 与 Mac 系统、Windows 与 Linux 系统），高、低版本应用格式不兼容（如 Word 2003 不能直接打开 Word 2007 编辑过的文档）……

而云端对于操作系统、应用软件的依赖性相对较小，重要的是二进制数据。每当用户在云中共享文件和应用程序时，云端会按照设备特定的格式保存用户的文件。这使得无论用户使用什么电脑、文件创建的操作系统、程序都是相同的，从而消除格式不兼容的问题。

高效节能

目前，无论企业还是个人的计算机，对于其计算资源的使用都是极低的，即使是在工作高峰期，也仅利用了30%的计算资源（这意味着平时的使用率会更低）。如果使用云计算服务，将这些闲置的计算资源进行收集和集中管理，在高峰期进行分配、使用或向外提供公共云服务，可以提高这些计算资源的利用率。这种方式一方面可以节约企业的运营开销（电力、网络等），另一方面也能为公司带来更多的利润。

从能源的角度来看，利用云计算使得多个用户共享计算资源，可以减少高功耗设备（机房空调、计算集群等电力消耗）的使用频率，有效地实现节能减排。2011年，英国碳排放披露项目（CDP）在一项有关云计算有助于减少碳排放的研究报告中指出，将业务迁移至云端的美国公司每年可以减少碳排放8570万吨，相当于2亿桶石油排放出的碳总量。这表明云计算能够有效地减少能源消耗及碳排放量，帮助企业节省成本，提高运营效率。如今，人类在环境保护方面的意识越来越强，云计算的应用也会随着人们的意识有更好的发展。

中国云的特点

云计算为社会尤其是新兴领域的发展和普及带来了极大的便利。同时，它也为现代云基础设施的设计和建设提出了新的挑战。大数据作为云计算的重要应用，用其来总结与展示中国云计算基础设施的特点再合适不过。本节将通过中国互联网络信息中心（CNNIC）在 2018 年发布的第 41 次《中国互联网络发展状况统计报告》、滴滴出行发布的《2017 年度城市交通出行报告》、极光大数据等资料的部分数据统计作为依据，总结中国对云计算基础设施的 4 个特殊需求。

我国拥有世界上最多的网民和网购消费者，并且保持高增长率

截至 2017 年 12 月，我国网民规模达 7.72 亿人，全年共计新增网民 4070 万人，互联网普及率为 55.8%（图 4.1）。

图 4.1　中国网民规模和互联网普及率
来源：CNNIC 第 41 次《中国互联网络发展状况统计报告》。

网民手机比例也持续攀升，截至 2017 年 12 月，我国手机网民规模达 7.53 亿人，较 2016 年年底增加 5734 万人，增长率为 8.2%（图 4.2）。

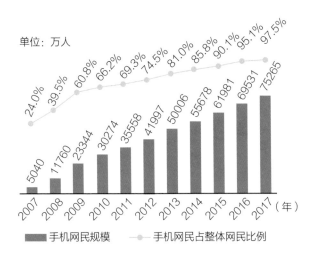

图 4.2　中国手机网民规模及其占网民比例
来源：CNNIC 第 41 次《中国互联网络发展状况统计报告》。

截至 2017 年 12 月，我国网购用户消费者达 5.33 亿人，比 2016 年增长 14.3%，占全体网民的 69.1%。其中手机网络购物用户规模达 5.06 亿人，同比增长 14.7%，占手机网民的 67.2%（图 4.3）。

截至 2017 年 12 月，我国使用网上支付的用户规模达 5.31 亿人，比 2016 年增长 11.9%，使用率达 68.8%。其

中手机支付用户规模达 5.27 亿人，年增长率为 12.3%，占
手机网民的 70%（图 4.4）。

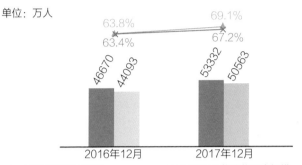

图 4.3　2016 年 12 月—2017 年 12 月网络购物 / 手机网络购物用户
规模及使用率
来源：CNNIC 第 41 次《中国互联网络发展状况统计报告》。

图 4.4　2016 年 12 月—2017 年 12 月网上支付 / 手机网上支付用
户规模及使用率
来源：CNNIC 第 41 次《中国互联网络发展状况统计报告》。

我国拥有全世界最好的蜂窝网络

4G 移动电话用户持续高速增长,移动互联网应用不断丰富,推动移动互联网流量持续高速增长。2017 年 1—11 月,移动互联网介入流量消费累计达 212.1 亿吉字节,比上年同期累计增长 158.2%（图 4.5）。

单位: 万吉字节

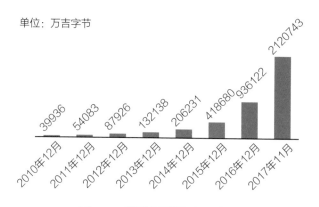

图 4.5　移动互联网介入流量
来源：CNNIC 第 41 次《中国互联网络发展状况统计报告》。

截至 2017 年第三季度,我国已经大约有 604.1 万座移动通信基站,其中 447 万座是 3G/4G 的基站,移动网络覆盖范围和服务能力持续提升。目前,中国大约拥有世界上 64%（315 万座）的 4G 基站（图 4.6）。

由于基站建设发达,手机正在不断挤占其他个人上网设备（台式电脑、笔记本电脑、平板电脑等）的使用,以

图 4.6　移动电话基站数量及 4G 基站占比
来源：CNNIC 第 41 次《中国互联网络发展状况统计报告》。

手机为中心的智能设备，成为"万物互联"的基础，为移动互联网产业创造更多价值挖掘的空间（图 4.7）。

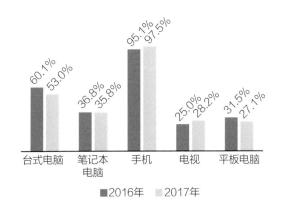

图 4.7　互联网络接入设备使用情况
来源：CNNIC 第 41 次《中国互联网络发展状况统计报告》。

同时，中国实现了互联网普及：全国 95% 的面积已经实现了信号覆盖，包括即使是仅有几十个人的小村庄。

基于人口，我国拥有世界上最大、最多突发请求的超级应用

这些超级应用（super application）包括微信、天猫、12306 售票网站等，且大多数超级应用的运行都是基于云计算的。

微信：在 2017 年春节期间，除夕到初五的 6 天里，微信上大约有 460 亿个红包活动，比 2016 年增长了 43.3%。

天猫：2017 年"双十一"购物节，数据库处理峰值吞吐率达到每秒 4200 万条；支付峰值为每秒 25.6 万条支付记录（图 4.8），同比 2016 年，支付峰值增长超过 1.1 倍；

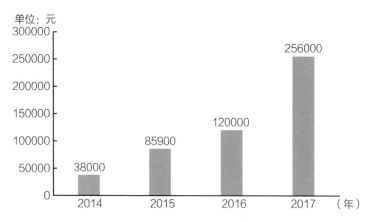

图 4.8　2014—2017 年天猫"双十一"购物节支付峰值

交易峰值为每秒 32.5 万条记录交易。

12306 售票网站：2018 年春节期间，日网页浏览量大约有 556.7 亿人次。2018 年 1 月 12 日到达峰值 813.4 亿人次。当天，网站提供余票查询服务 720 亿人次，1029.7 万张票被售出。同时，最高点击量为 1 小时 59.3 亿人次，这意味着平均每秒至少有 164.7 万人次浏览网站。

我国在移动网络、行业数字化（如物联网、边缘计算等）、电子游戏、网络贸易等方面有着最强的创新能力

在行业数字化方面，滴滴出行用户规模超过 4.5 亿用户，每日出行规模达 2500 万人次，与此相关的每日路径规划请求超过 200 亿次，每日处理数据超过 4500TB。

部分城市实现了智慧交通，滴滴出行通过收集交通摄像头的数据，并运用云计算和大数据去构建智慧化交通，打造智能红绿灯，上线 1200 个交通路口，智能规划出行，平均拥堵缓解 10%～20%。

截至 2017 年下半年，国内共享单车活跃用户大约有 2.21 亿人，占总体网民的 28.6%，用户规模半年增加 1.15 亿人，增长率达到 108.1%。同时，骑行超过 299.47 亿千米，减少碳排放量超过 699 万吨，业务已完成对国内各主要城市的覆盖，并拓展到 21 个境外国家（图 4.9）。

单位：万人

28.6%

22078

14.1%

10612

2017年6月　　2017年12月

■ 共享单车用户规模　　──── 共享单车使用率

图 4.9　2017 年 6 月—2017 年 12 月共享单车用户规模及使用率
来源：CNNIC《第 41 次中国互联网络发展状况统计报告》。

截至 2017 年 12 月，我国境内外上市互联网企业数量达到 102 家，总体市值为 8.97 万亿元。同时，我国网信独角兽企业总数为 77 家、人工智能企业 592 家，占全球总数的 23.3%。2016 年，我国人工智能相关专利年申请数为 30115 项，比 2015 年增长 37.7%（图 4.10）。

在电子游戏方面，截至 2017 年 12 月最后一周，中国手游 App 市场渗透率达 76.1%，用户规模为 7.76 亿人（图 4.11）。每名手游用户平均安装 3.35 个手游类 App。

2017 年 5 月的《王者荣耀》用户规模超 2 亿人，渗透率高达 22.3%，日活跃用户达 5412.8 万人，月活跃用户达 1.63 亿，较 2016 年 12 月数据增长 100%（图 4.12）。

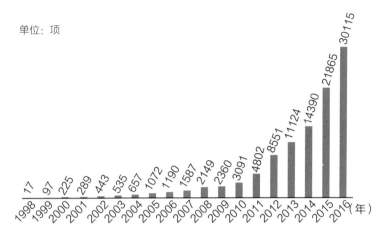

图 4.10 我国人工智能相关专利申请数
来源：CNNIC《第 41 次中国互联网络发展状况统计报告》。

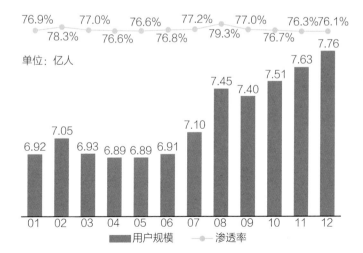

图 4.11 2017 年手游市场渗透率及用户规模
来源：极光大数据，取数周期：2017 年 1—12 月。
注：渗透率为安装某应用的设备数 / 市场总设备数。

单位：万人

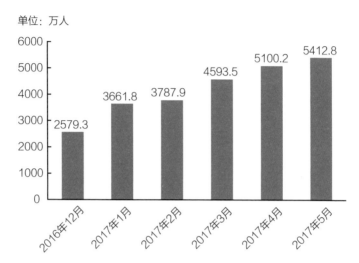

图 4.12 《王者荣耀》日活跃用户数量均值
数据来源：极光 iApp。
取数周期：2016 年 12 月—2017 年 5 月。

在网络贸易方面，2017 年天猫"双十一"购物节期间全网交易额达到了 2539.7 亿元，同比增长超 45%，而天猫交易额达到了 1682.7 亿元，增长率达到了 39%（图 4.13）。

对于国内云计算，还有一大显著的特点就是中国政府非常重视云计算及其基础设施的发展。自 2010 年起，中国政府就将云计算产业列入国家重点培育和发展的战略性新兴产业。2012 年，通信、互联网等行业"十二五"规划出台，物联网和云计算工程也被列入中国"十二五"发展的 20 项重点工程之一。

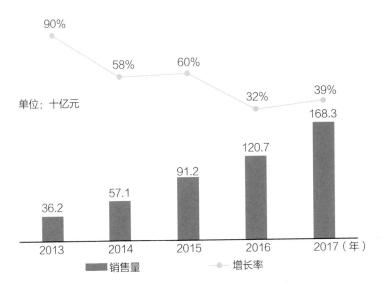

图 4.13　2013—2017 年天猫"双十一"购物节销售量及增长率

　　近年来，中国"十三五"规划又将云计算列为重要的国家战略性新兴产业。中国工业和信息化部从 2017 年到 2019 年制订了云计算三年发展计划。该计划设定了到 2019 年中国云计算产业规模应达到 4300 亿元的目标。中国政府也资助了一系列云计算项目。2017 年，"云计算与大数据"国家重点科技攻关计划专项计划启动 15 个项目，总投资 4.09 亿元；2018 年，该专项计划启动 20 个项目，总预算高达 6.25 亿元。

　　毫无疑问，无论是中国云计算基础设施的特点，还是中国政府对云计算发展的大力支持，都将决定国内云计算在未来发展阶段的风向标。

中国云计划

在现代信息领域中，随着数字化时代的来临，全球数据量飞速增长，海量数据的处理需要新型的计算模式和计算平台的支撑，而云计算无疑是其中最具代表性的新型计算平台。我国政府高度重视云计算的发展，把云计算列为重点发展的战略性新兴产业，并为其成立大量的课题和立项，其中最有代表性的就是高技术研究发展计划（"863"计划）中的"云计算关键技术与系统"与国家重点研发计划中的"云计算和大数据"。

对于这两个立项，我国科技部制订了非常详细的发展计划，供相关领域的高校和企业申请，并且可以提供充足的资金支持，这充分表明我国政府对云计算这一领域研究的高度重视。

"863"计划——"云计算关键技术与系统"

1986 年 3 月,面对世界高技术蓬勃发展、国际竞争日趋激烈的严峻挑战,我国启动实施了"863"计划,旨在提高我国自主创新能力,坚持战略性、前沿性和前瞻性,以前沿技术研究发展为重点,统筹部署高技术的集成应用和产业化示范,充分发挥高技术引领未来发展的先导作用。

随着信息技术突破和产业创新不断迈向新高度,以云计算为代表的变革性技术创新正不断打破既有技术锁定和传统垄断体系,推动着产业链和产业力量的分化重组,催生出新兴产业体系,为重塑产业格局带来新的重大机遇。为促进我国信息产业和现代服务业转型,推动传统产业的升级,支持社会管理创新,"十二五"国家"863"计划信息技术领域"云计算关键技术与系统(二期)"重大项目立项于 2013 年 2 月正式批准实施,其中包括"亿级并发云服务器系统研制"等多个课题,课题总经费超 2.02 亿元,执行年度为 2013—2015 年(课题具体安排见表 4.1)。

表 4.1　"云计算关键技术与系统（二期）"课题安排

序号	课题编号	课题名称	课题承担单位
1	2013AA01A208	浪潮亿级并发云服务器系统研制	浪潮集团有限公司
2	2013AA01A209	曙光亿级并发云服务器系统研制	曙光信息产业（北京）有限公司
3	2013AA01A210	浪潮 EB 级云存储系统研制	浪潮集团有限公司
4	2013AA01A211	曙光 EB 级云存储系统研制	曙光信息产业股份有限公司
5	2013AA01A212	智能云服务器与管理平台核心软件及系统	中山大学
6	2013AA01A213	云服务和管理平台共性基础核心软件与系统	无锡江南计算技术研究所
7	2013AA01A214	云计算安全体系架构研制	中国科学院信息工程研究所
8	2013AA01A215	云计算测试与评估系统研制	哈尔滨工业大学

2014 年 2 月 21 日，我国科技部公布《国家高技术研究发展计划（"863"计划）2015 年度项目申报指南》，预示着第三期云计算关键技术与系统立项计划进入准备阶段，其主要内容为云计算应用服务开发环境关键技术及平台、基于中国云产品的混合云关键技术与系统、云端和终端资源自适应协同与调度平台三个方面。

2015 年 8 月 26 日，"863"计划重大项目"云计算关键技术与系统"三期课题启动暨二期课题阶段总结交流会在北京航空航天大学召开，这也预示着"云计算关键技术与系统（二期）"课题的圆满完成，第三期正式启动。

时隔一年，国家重点研发计划首批重点研发专项指南于 2016 年 2 月 16 日发布，这标志着整合了多项科技计划的国家重点研发计划从即日起正式启动实施。这也意味着"863"计划即将成为历史名词。

尽管如今"863"计划已经停止，但其历史价值和意义绝对是不可忽视的。经过 20 多年的实施，"863"计划为我国高技术的起步、发展和产业化奠定了坚实基础。据不完全统计，20 年来，"863"计划发表论文超过 12 万篇，获得国内外专利 8000 多项，制定国家和行业标准 1800 多项。"863"计划通过持续的自主创新，取得了一大批达到或接近世界先进水平的创新性成果，特别是在高性能计算机、第三代移动通信、高速信息网络、深海机器人与工业机器人等方面已经在世界上占有一席之地。更为重要的是，"863"计划所取得的成就在提升我国自主创新能力、提高国家综合实力、增强民族自信心等方面发挥了重要作用。

国家重点研发计划——"云计算和大数据"

2015 年，我国科技部和财政部在充分征求各有关部门（单位）和专家意见后，联合制定了《关于深化中央财政科技计划（专项、基金等）管理改革的方案》（以下简称《改革方案》），并获党中央、国务院批准。

《改革方案》的总体目标是强化顶层设计，打破条块分割，加强部门功能性分工，建立具有中国特色的目标明确和绩效导向的科技计划（专项、基金等）管理体制，更加聚焦国家目标，更加符合科技创新规律，更加高效配置科技资源，更加强化科技与经济的紧密结合，最大限度地激发科研人员创新热情。

在对我国现有科技计划（专项、基金等）的实施和管理情况进行深入调研的基础上，根据新科技革命发展趋势、国家战略需求、政府科技管理职能和科技创新规律，《改革方案》提出优化中央财政科技计划（专项、基金等）布局，整合形成五类科技计划（专项、基金等），国家重点研发计划就是其中之一。

国家重点研发计划由科技部管理的国家重点基础研究发展计划（"973"计划）、国家高技术研究发展计划（"863"计划）、国家科技支撑计划、国际科技合作与交流专项等整合而成。其重点是针对事关国计民生的重大社会公益性研究，以及事关产业核心竞争力、整体自主创新能力和国家安全的战略性、基础性、前瞻性重大科学问题、重大共性关键技术和产品，为国民经济和社会发展主要领域提供持续性的支撑和引领。

2016 年 3 月，国家重点研发计划启动了"云计算和大数据"重点专项首批项目申报工作。本重点专项总体目标是：形成自主可控的云计算和大数据技术体系、标准规范和解决方案；在云计算与大数据的重大设备、核心软件、支撑平台等方面突破一批关键技术；基本形成以云计算与大数据骨干企业为主体的产业生态体系和具有全球竞争优势的云计算与大数据产业集群；提升资源汇聚、数据收集、存储管理、分析挖掘、安全保障、按需服务等能力，实现核心关键技术自主可控。

2017 年，科技部公布的关于国家重点研发计划"云计算和大数据"重点立项拟立项公示清单中，包括了新一代云计算服务器技术与系统等 15 个项目，项目总经费超 4.09 亿元（公示清单见表 4.2）。

该重点专项围绕云计算和大数据基础设施、基于云模式和数据驱动的新型软件、大数据分析应用与类人智能、云端融合的感知认知与人机交互 4 个技术方向，专项共设置了 31 个重点研究任务，实施时间至 2020 年年底。

云计算
信息社会的基础设施和服务引擎

表 4.2 国家重点研发计划 "云计算和大数据" 重点立项拟立项的 2017 年度项目公示清单

序号	项目编号	项目名称	项目牵头承担单位	中央财政经费/万元	项目实施周期/年
1	2017YFB1001600	新一代云计算服务器技术与系统	曙光信息产业（北京）有限公司	3620	4
2	2017YFB1001700	高效能云计算数据中心关键技术与装备	浪潮电子信息产业股份有限公司	4691	4
3	2017YFB1001800	可持续演化的智能化软件理论、方法和技术	南京大学	4028	4
4	2017YFB1001900	智能无人系统的软件体系结构和支撑技术	中国人民解放军国防科学技术大学	3074	4
5	2017YFB1002000	面向智慧城市的智能化集成软件与操作平台	神州数码信息系统有限公司	2708	3
6	2017YFB1002100	大数据驱动的自然语言理解、问答和翻译	中国科学院自动化研究所	4068	4
7	2017YFB1002200	大数据驱动的类人智能知与情感交互关键技术	中国科学技术大学	2133	4

续表

序号	项目编号	项目名称	项目牵头承担单位	中央财政经费/万元	项目实施周期/年
8	2017YFB1002300	大数据驱动的中医智能辅助诊断服务系统	中国中医科学院	1794	3.5
9	2017YFB1002400	面向视频内容的大数据处理分析平台及示范应用	北京大学	1853	3
10	2017YFB1002500	脑机协同混合智能关键技术、平台装置及应用	华南理工大学	2290	3.5
11	2017YFB1002600	多源数据驱动的智能化高效场景建模与绘制引擎	浙江大学	1749	4
12	2017YFB1002700	复杂时变场景的物理仿真关键技术	北京大学	1748	3.5
13	2017YFB1002800	大数据多模态交互协同关键技术	中国科学院自动化研究所	2712	4
14	2017YFB1002900	面向大数据应用的桌面实时真三维显示技术	四川大学	2658	4
15	2017YFB1003000	面向工业互联网的智能云端协作关键技术及系统	东南大学	1816	4

中国云企业

中国云企业相对于世界云企业起步较晚，国内起步较早的阿里云的开始也要追溯到 2009 年。其他云计算服务商大都是近些年才开始云计算业务，这意味着我国云企业的繁荣期要比世界晚几年，但也表明我国云计算有很大的进步空间及发展潜力。当下，我国的云计算的发展也十分迅速。

中国公共云 IaaS 市场整体保持快速增长，2017 年上半年整体规模超过 10 亿美元，比上一年同期增长近七成。与国外情况基本相同，我国主流的云计算服务大多也由国内巨头企业运营（除 UCloud 外）。

国内云企业呈现"百家争鸣"的格局（图 4.14）。2017 年 11 月，在 IDC 对 2017 年上半年中国公有云 IaaS 市场份额调研结果中，阿里云占据 47.6% 中国市场份额，远超第 2~5 名云企业市场份额总和，并且有领先优势不断扩

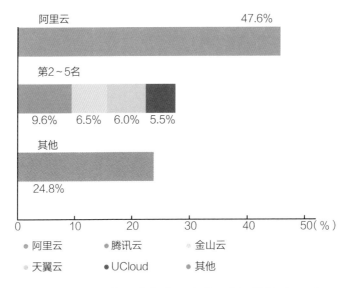

图 4.14 2017 年上半年中国公共云市场份额（IaaS）

大的趋势。此外，在 Synergy Research Group 对全球十大云计算服务商的排名中，阿里云稳居前 5 名，也是唯一进入排名的中国公司。

UCloud、腾讯云、天翼云、百度云、网易云、华为云等云服务起步较晚，尽管在公共云领域远不及阿里云，但却在其他领域各有突破（例如，UCloud 专注移动互联网领域，百度云拥有强大的人工智能，华为基于先前硬件市场的基础而投身于 OpenStack 等私有云服务），这将加速我国的云企业向多元化发展，营造一种百家争鸣、欣欣向荣的发展氛围。基于这种良性竞争与循环，相信在不久的未来，国内云计算市场一定会更全面发展。

2017 年云计算企业百强榜由《互联网周刊》与 eNet 研究院共同确定排行（表 4.3），将国内云计算企业按照 iPower、iBrand 和 iSite 三个项目分别打分，最后进行排名。其中，iSite 是自身互联网建设能力，iBrand 是网络社会影响力，iPower 是企业的行业地位。

表 4.3　2017 年中国云计算企业百强榜（第 1~12 名）

排名	企业	产品	iPower	iBrand	iSite	总分
1	阿里巴巴	阿里云	94.05	91.29	92.28	93.32
2	中国电信	天翼云	93.48	90.46	88.77	92.40
3	腾讯	腾讯云	92.94	88.43	87.01	91.45
4	中国联通	沃云	93.64	90.70	67.56	90.44
5	华为	华为云	91.08	88.50	89.85	90.44
6	中国移动	移动云	90.94	85.91	83.47	89.18
7	百度	百度开放云	87.13	99.24	82.21	89.06
8	世纪互联	世纪互联	89.43	88.24	87.04	88.95
9	华云	华云	85.54	98.55	84.26	88.02
10	金山	金山云	86.33	94.34	85.86	87.88
11	网易	网易云	85.49	98.54	82.86	87.84
12	优刻得	UCloud	88.45	88.15	82.64	87.81

阿里云：起步较早的云服务

阿里云，创立于 2009 年，阿里巴巴集团旗下企业，是全球领先的云计算及人工智能科技公司，为 200 多个国家和地区的企业、开发者和政府机构提供服务。阿里云致力于以在线公共服务的方式，提供安全、可靠的计算和数据处理能力，让计算和人工智能成为普惠科技。

阿里云的发展速度非常快，根据官方资料显示：2016 年第三季度，阿里云付费用户数量增长至 76.5 万人，同比增长 100%。云计算业务收入同比增长 115%，达到 17.64 亿元的历史新高，这也推动阿里云连续 7 个季度保持三位数的增幅，实现规模翻番（图 4.15）。

云计算行业需要大规模的早期投入，阿里云是国内最早的本土服务商，而腾讯、百度等企业在近几年才开始云计算业务。如果说 AWS 在国际云计算市场稳居第一，那么阿里云在中国公共云服务市场也保持着领先地位，甚至在中国的影响力远远超过其他所有的云计算企业。2016 年 12 月 13 日，美国知名投行摩根士丹利发布报告，对中国云计算市场做出评估：2016 年中国公共云市场份额约 20 亿美元，其中阿里云占据约 50% 的市场份额，超过 AWS（10%）、Azure（15%）、腾讯云、百度云、华为云等市场追随者的总和（表 4.4）。

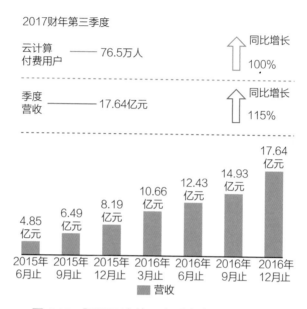

2017财年第三季度

云计算付费用户	—— 76.5万人	同比增长	100%
季度营收	—— 17.64亿元	同比增长	115%

图 4.15　阿里云连续 7 个季度实现规模翻番

表 4.4　2016 年中国公共云服务

企业	2013—2014财年	2014—2015财年	2015—2016财年	2016—2017财年	2017—2018财年	2018—2019财年	2019—2020财年	2020—2021财年
阿里巴巴	126	207	474	985	1939	3650	6425	10264
金山软件*	62	68	116					
中国电信				219	350	525	735	956
中国联通				109	175	263	368	478
世纪互联	6	100	160	336	571	857	1200	1559
光环新网				50	300	500	700	910

注：数据来源于摩根士丹利研究预测数据。

* 金山软件公布的云收入包含其销售办公软件的收入。世纪互联与光环新网的公共云销售仅反映其认可的销售额，它们不代表 Azure 或 AWS 在中国的总公共云规模。

同时摩根士丹利认为，凭借在公共云市场上的绝对优势，阿里巴巴正在搅动传统企业级 IT 市场，在中国市场上急速成长为 IT 巨头。

阿里云不仅在我国公共云市场占据绝大部分的市场份额，甚至在世界公共云市场中也逐渐与 Azure、AWS 步入第一阵营，云计算市场的"3A"格局初现。2017 年 1 月，阿里云成为奥运会全球指定云服务商，这无疑将加速"3A"格局形成。同年 8 月，阿里巴巴财报数据显示，阿里云付费云计算用户超过 100 万人；9 月，根据高德纳咨询公司发布的全球公共云市场份额报告，2016 年阿里云营收规模在全球市场排名第 3 位，仅次于亚马逊和微软。同时，阿里云的增长速度在市场前 3 位中最快，达到 126%，Azure 为 61%，AWS 仅为 45.9%。

阿里云对外提供弹性计算、数据库、存储、网络、大数据分析、人工智能、云安全等多项云服务。阿里云面向制造、金融、政务、交通、医疗、电信、能源等众多领域的领军企业提供云服务，其中包括中国联通、12306、中石化、中石油、飞利浦、华大基因等大型企业客户，以及微博、知乎、锤子科技等明星互联网公司。在天猫"双十一"全球狂欢节、12306 售票等极富挑战的应用场景中，阿里云保持着良好的运行纪录。除了起步较早,阿里云还有如下优势。

遍布全球的数据中心

如今,阿里云在全球 18 个地域开放了 42 个可用区,都设有超大规模数据中心,这些地域包括中国(华北、华东、华南、香港)、新加坡、美国(美东、美西)、欧洲、中东、澳大利亚、日本等,能够为全球数十亿用户提供可靠的计算支持。

阿里云为全球客户部署了 200 多个飞天数据中心,通过底层统一的飞天操作系统——阿里云自主研发、服务全球的超大规模通用计算操作系统,为客户提供全球独有的混合云体验——将遍布全球的百万级服务器连成一台超级计算机,以在线公共服务的方式为社会提供计算能力。飞天操作系统的革命性在于将云计算的三个方向整合起来:足够强大的计算能力,通用的计算能力,普惠的计算能力。

安全可靠

阿里云从诞生第一天起就将安全视为头等大事。阿里云云盾 Anti-DDoS 服务具备 TB 级别的防御带宽和攻击检测能力,防御的背后是阿里云大数据分析系统,PB 级日数据处理和万亿量级会话分析能力。云盾几十个清洗集群遍布全国，保护了中国 30% 的网站。

2016 年 3 月 29 日，阿里云对外公布《2015 年下半年云盾互联网 DDoS 状态和趋势报告》。报告披露，在 2015 年下半年，阿里云安全团队共监控到 DDoS 攻击事件超过 10 万次，较 2015 年上半年攻击事件增加 32%。其中流量达到 300Gbps 以上的攻击次数达到 66 次。阿里云云盾防御的最大攻击峰值流量为 477Gbps（峰值流量，来自某游戏用户），相当于 20 万人同时在线上网，创造了 2015 年度 DDoS 攻击防御新的纪录。

从容应对流量洪峰

飞天操作系统能够通过实时扩容来升级服务器，从容处理 TB 级别的数据，在流量高峰过后，又将计算资源快速释放，避免了高峰期后的闲置浪费。2015 年，飞天排列 100TB 的数据仅用 377 秒，打破世界纪录。此外，春节微博红包、12306 售票等流量洪峰都是很好的例子。

2016 年春节，微博为了缓解流量洪峰带来的服务器压力，选择与阿里云合作，通过混合云架构来获得近乎无限的弹性计算能力。春晚直播期间，讨论春晚的微博达到 5191 万条，网友互动量达 1.15 亿次，大幅增长 76%，春晚相关话题的总阅读量更是达到 182 亿次。截至除夕 24 点，网友抢微博红包的总次数超过 8 亿次，其中有超过 1 亿网友抢到红包。

2017 年，春运火车票售卖的最高峰日出现在 12 月 19 日。12306 网站访问量（PV 值）达到破纪录的 297 亿次，平均每秒 PV 超过 30 万次。当天共发售火车票 956.4 万张，其中互联网发售 563.9 万张，占比 59%，均创历年春运新高。

ET 大脑进军人工智能

阿里云对人工智能领域的研究非常深，ET 大脑就是其名下的超级智能，用突破性技术解决社会和商业中的棘手问题，目前已具备智能语音交互、图像/视频识别、机器学习、情感分析等技能。ET 大脑的核心能力在于多维感知、全局洞察、实时决策、持续进化，在复杂局面下快速做出最优决定。

ET 城市大脑利用实时全量的城市数据资源全局优化城市公共资源，即时修正城市运行缺陷，实现城市治理模式、城市服务模式和城市产业发展的三重突破。

城市治理模式突破：提升政府管理能力，解决城市治理突出问题，实现城市治理智能化、集约化、人性化。

城市服务模式突破：更精准地随时随地服务企业和个

人，城市的公共服务更加高效，公共资源更加节约。

城市产业发展突破：开放的城市数据资源是重要的基础资源，对产业发展发挥催生带动作用，促进传统产业转型升级。

在构建智慧城市中，ET 可化身为城市大脑、法院书记员、影视投资经理、广州交警、智能外卖员等多种身份，在城市治理、交通调度、工业制造、健康医疗、司法等领域成为人类的强大助手。基于阿里云飞天操作系统强大的计算能力，ET 的感知和思考能力正在多个领域不断进化。

阿里云还经常有降价活动，使其产品价格保持在一个用户可接受的范围。在 2014 年，阿里云曾经 1 年降价 6 次，云服务器最高降幅达到 25%，云数据库最高降幅 20%，基础性云服务器产品累计降幅最高甚至达到 61%。据官网资料，单核 512M 云服务器每月仅 28.8 元，学生用户只需 10 元。

由此可见，阿里云的成功不仅是由于阿里云在国内的起步较早，以及当时其他企业并未意识到云计算领域的发展前景，同时也由于阿里云对云计算的投入力度大，在多个技术领域都有重大突破。此外，阿里云还有价格优势，保证其价格是用户能够接受的。这些使得近年来阿里云强势崛起，成为国际级别的云服务供应商之一。

天翼云：云网融合

天翼云是中国电信旗下直属专业公司，于 2016 年被中国电信注册（2009 年启动翼云计划），集市场营销、运营服务、产品研发于一体，致力于成为亚太领先的云计算基础服务供应商。天翼云依托覆盖全国、互为备份的全网云资源布局，依托自主研发的云平台和电信级安全体系，依托运营商央企底蕴与互联网创新机制，为用户提供"云网融合、安全可信、专项定制"的服务。天翼云不仅为用户提供云主机、云存储、桌面云、专属云、混合云、CDN、大数据、云专线、云间高速等全线产品，同时为政府、医疗、教育、金融等行业打造定制化云解决方案，是政府、企业客户上云的首选云服务商。同时，还为小微及初创企业提供扶持，为"互联网＋"在各行业落地及"大众创业、万众创新"中提供坚实可靠的承载。天翼云的愿景是让云计算进入更多的大中型企业及初创公司，让中国的企业"像使用水电一样使用 IT 资源"。

2016 年 6 月，中国电信联手华为发布天翼云 3.0，这是电信与华为在云计算方面的一次强强联合，全面升级技术、改善服务质量、创新业务产品，提升天翼云核心竞争力，满足各行业对云计算的需求。同时，天翼云 3.0 将借助于云网融合、安全、可定制三大优势，全面满足"互联网＋"客户的云化需求。

云网融合

天翼云 3.0 采用创新的云网融合模式，通过构建云管端协同、云网融合的"网络＋云"的基础设施，将网络作为一种可配置、按需调用的服务提供给用户。更贴近用户、更适于跨域部署的云资源布局，让用户可以一点接入、多点部署、全网服务。

安全可信

天翼云 3.0 实现网络、终端、数据、应用、管理、服务等端到端的整体安全保障。在云主机、云存储等核心产品上，天翼云 3.0 进行了全面升级，满足政企客户对云产品高性能、高可靠的要求，以及多样化的应用场景。中国电信还积极开展与产业链的广泛合作，与各行业的领军企业共筑安全联盟，协力为客户提供全方位、高安全级别的云服务。

专享定制

天翼云 3.0 为政企客户提供从咨询、设计、迁移、实施到维护的全流程定制化服务，用户可以根据需求灵活选择包括公共云、专享云、混合云和私有云在内的各种云服务模式。一方面，根据不同行业的应用特性，构建行业专用的跨域网络；另一方面，提供按需接入、按需带宽等自选服务，为跨域部署的用户提供高度个性化的配置。中国电信拥有强大的技术专家团队和政企专属客户服务团队，通过完善的专业服务体系及丰富的实践经验，实现属地化服务及个性化服务。

作为云计算国家队的代表，天翼云提供面向普通大众的公共云服务，同时还为打造智慧城市、数字中国作出了巨大贡献。据官方统计，中国电信已与全国31个省级政府、236个地级市建立了智慧城市战略合作。其中，政务云平台覆盖100多个地市，建设10个省级综治信息化平台，通过自主研发落地上千个政务应用。

2018年4月18日，中国科学院国家天文台与中国电信签署FAST工程数据存储计算与传输项目服务合同。FAST工程需要每天昼夜不停地采集宇宙的数据，实时上传，实时存储，实时读取，承载这些海量数据的背后需要有强大的数据存储和高性能计算能力。中国电信整合海量的高速存储和高速计算单元为FAST工程提供超算中心服务，利用双方在各自领域的优势，加强FAST项目在大数据存储应用、信息平台、信息安全等方面的积极探索，成为中国高新科技与央企合作的新典范。面对着 FAST 工程 EB 级的存储、1000TFLPS 的计算能力的需求，天翼云实现了快速、高效的海量高性能计算，通过云上裸机、IB、GPU 等技术，快速为 FAST 提供云上高性能计算能力。作为整个项目的总服务单位，天翼云联合其他服务商，一起为这个天文超算平台提供强计算、巨存储、高带宽的服务，为 FAST 打造宇宙级的"超算中心"。

腾讯云：云端生态，汇聚共赢

腾讯云（QCloud）是腾讯公司打造的面向企业和个人的公共云平台。腾讯云基于 QQ、微信、腾讯游戏等海量业务的技术锤炼，从基础架构到精细化运营，从平台实力到生态能力建设，腾讯云将之整合并面向市场，使之能够为企业和创业者提供集云计算、云数据、云运营于一体的云端服务体验。

腾讯云于 2013 年正式上市。腾讯云的运营思路是，通过逐步的开放与良好的口碑吸引开发者尝试腾讯云的服务。使用腾讯云提供的服务，开发者能够直接使用腾讯的社交关系链资源，打通微信、手机 QQ 等对开发者极具吸引力的资源，把开发者留在腾讯云所打造的生态系统中。

据官方资料统计，截至 2018 年 4 月，腾讯云共有 30 多项权威认证，130 多种云产品服务，100 万名活跃开发者，比 2016 年收入同比增长 200%。在腾讯公司公布的 2017 年前三季度的业绩中，包含腾讯云业务营收的"其他业务"营收 292.5 亿元，比上一年的 107.7 亿元增长 172%。其中，2017 年第一季度的增长率是 224%，第二季度的增长率是 177%，第三季度的增长率是 143%，增至人民币 120.44 亿元。

2016 年，腾讯云开始跟合作伙伴共同构建覆盖全球的数据中心。目前，腾讯云全球基础设施已开放 24 个地理区域，运营 44 个可用区，这些地区包括中国、新加坡、美国、俄罗斯、法国、澳大利亚、韩国、印度、日本等多个国家，为更多企业提供强有力的技术支持，助力业务飞速拓展，为中国出海企业及海外本土企业提供最经济、安全的云服务。

腾讯云是一个集 IaaS、PaaS、SaaS、人工智能服务平台、大数据流通平台等一系列云服务于一身的云计算平台。目前，腾讯云提供的服务有：计算云（云服务器、弹性伸缩、容器服务等）、网络（负载均衡、私有网络等）、存储（数据库、私有云存储等）、监控与安全、大数据分析与处理、CDN 与加速、人工智能、游戏服务、移动服务、区块链等多种云服务。

腾讯云还向其他行业提供公共云、私有云、混合云、专有云等多种云端解决方案，其中包括通用、行业、大数据与 AI、安全与运维及微信小程序等多个方面，其面向对象为游戏、电商、金融、教育、医疗、旅行、政务、企业等多个领域的行业，总共支持 192 个业务场景的全栈解决方案，为它们提供定制化服务。

腾讯云已经为全球数千万开发者提供云计算服务平台，为它们提供后台的技术支持与保障。在这些开发者中，除去普通大众，腾讯云的主要服务对象包括永恒纪元、仙剑奇缘、皇室战争、国家电网、中国银行、华夏银行、滴滴出行等大型企业，以及斗鱼 TV、熊猫 TV、脸萌、快手、小红书、58 同城等近年来才出现的初创企业。腾讯云也准备向智慧城市进军，通过其强大的云计算、大数据、物联网及人工智能构建城市大脑，加速数据化中国的发展。

腾讯云非常重视"云端生态"的构建。早在 2013 年 9 月，腾讯公司就已宣布腾讯云生态系统构建完成，将借助于腾讯社交网络及开放平台来专门推广腾讯云。2015

年"两会"期间，李克强总理做政府工作报告时提出："推动移动互联网、云计算、大数据、物联网等与现代制造业结合，促进电子商务、工业互联网和互联网金融健康发展，引导互联网企业拓展国际市场"。这也将"互联网 +"战略上升到国家政策层面，云计算首次被写入政府工作报告。

腾讯积极响应这一号召，CEO 马化腾提出"利用互联网平台，能够把互联网和传统行业的各行各业结合起来，创造新的生态"，并以此作为腾讯的战略业务。腾讯的"云端生态"致力于建设合作伙伴生态体系，帮助合作伙伴及用户构建基于腾讯云的成功业务实践和解决方案，通过云平台形成强协作性的数字生态共同体。目前，NVIDIA、CISCO、Deloitte、中软国际、软通动力等国际企业都是腾讯云的战略合作伙伴，其也向 ICNTV、乐逗游戏、大众点评、蜻蜓 FM、金蝶等知名互联网公司提供定制化的解决方案服务，助力各企业实现更高的价值。数据表示，截至 2017 年 11 月初，合作伙伴从腾讯云业务获得的整体收入比 2016 年激增了 10.9 倍，合作伙伴数量则增长 16.1 倍。在"汇聚共赢"的理念下，腾讯云合作伙伴生态建设获得高速增长。

华为云：硬件与私有云并行

华为云成立于 2011 年，隶属于华为公司。华为云是世界领先的云服务品牌，为客户提供稳定可靠、安全可信、可持续演进的云服务，专注于云计算中公有云领域的技术研究、创新与生态拓展，致力于为用户提供一站式云计算基础设施服务，目标是成为中国最大的公有云服务与解决方案供应商。华为在研发方面具有极大的投入，据统计，2016 年华为的研发投入占销售收入的 14.6%，这也赋予了华为前所未有的创新能力；2017 年华为以 104 亿欧元的研发费用超过美国苹果公司（95 亿欧元），排名世界第 6 位，中国第 1 位。

华为云立足于互联网领域，依托于华为公司雄厚的资本和强大的云计算研发实力，面向互联网增值服务运营商、大中小型企业、政府、科研院所等广大企事业用户提供包括云主机、云托管、云存储等基础云服务，超算、内容分发与加速、视频托管与发布、企业 IT、云电脑、云会议、游戏托管、应用托管等服务和解决方案。截至2018 年 2 月，华为云已发布包括计算、存储在内的 14 大类共 100 多种云服务，以及制造、医疗、电商、车联网、SAP、HPC、IoT 等 60 多个解决方案，服务于全球众多知名企业。目前，华为是国内少有的能在硬件与私有云两大领域并行发展的企业。

华为起家于硬件市场，而服务器、存储等硬件设施是云计算的基础元素，华为公司通过多年的研究和创新，在硬件设施层面取得了显著的成果：据高德纳咨询公司报告显示，2014 年第四季度华为刀片服务器出货量居全球第二；IDC 发布的 2015 年第一季度外部磁盘存储市场报告显示，华为存储全球收入增长率继续保持第一；华为在全球建立 660 个数据中心，其中有 255 个云数据中心。

华为是国内最好的私有云服务供应商之一。华为是 OpenStack 社区的金牌会员，基于 OpenStack 架构，华为自主研发了 FusionSphere 云操作系统，并于 2015 年的云计算大会上发布了 FusionSphere 5.0 最新版本，更好地实现了软件定义和资源协同管理。2014 年，FusionSphere 成为唯一新进入高德纳咨询公司 X86 服务器虚拟化基础设施软件魔力象限的云计算软件，这证明华为已跻身私有云市场主流玩家的行列。

FusionCloud 是华为私有云产品的主力军，致力于为客户提供业务感知、商业智能、统一管理和统一服务的云数据中心。FusionCloud 能够适配行业典型应用场景，为客户构建计算、存储、网络、大数据等资源池，提供云运营、云运维、云服务生命周期管理能力，提供全云堆栈能力的私有云平台，支持企业实现云化、数字化转型。目前，国内政务、公安、金融、制造等大部分行业的私有云都是基于 FusionCloud 搭建的（典型应用案例见图 4.16）。

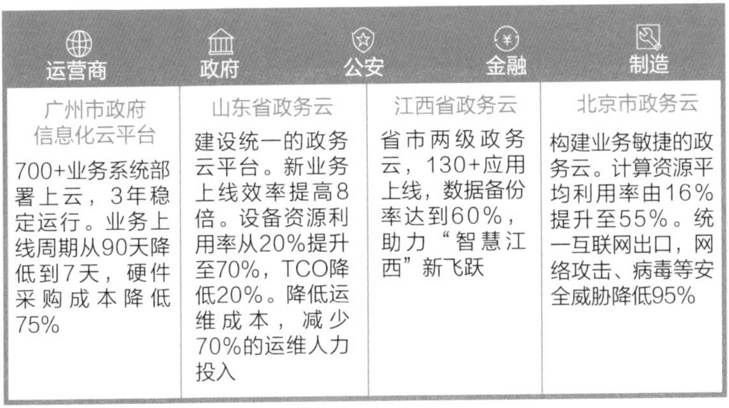

⊕ 运营商	🏛 政府	⌾ 公安	¥ 金融	🖼 制造
广州市政府信息化云平台 700+业务系统部署上云，3年稳定运行。业务上线周期从90天降低到7天，硬件采购成本降低75%	山东省政务云 建设统一的政务云平台。新业务上线效率提高8倍。设备资源利用率从20%提升至70%，TCO降低20%。降低运维成本，减少70%的运维人力投入	江西省政务云 省市两级政务云，130+应用上线，数据备份率达到60%，助力"智慧江西"新飞跃	北京市政务云 构建业务敏捷的政务云。计算资源平均利用率由16%提升至55%。统一互联网出口，网络攻击、病毒等安全威胁降低95%	

图 4.16　基于 FusionCloud 的政务云

随着企业需求一直在变化，单一的公共云或私有云无法再满足企业业务增长的需要，混合云模式逐渐吸引企业的眼球。面对这一趋势，华为发布了 FusionBridge 混合云解决方案，提供标准 OpenStack API 接口，实现跨云网络自动互通、统一镜像能力，提供统一资源视图和服务目录。FusionBridge 解决了企业业务跨云扩张部署困难、周期长、跨平台运营、运维工作复杂等问题，完全满足了市场对混合云的需求。东风本田汽车就是使用华为提供的混合云服务，实现私有云与公共云的平滑迁移、交互，将企业核心业务（ERP、SCM、PLM）部署在私有云上，测试开发、自动驾驶、移动应用、汽车电商则放在公有云上（图4.17）。

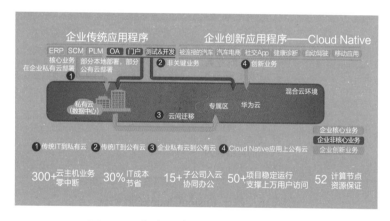

图 4.17 华为混合云——东风本田汽车

2017年3月，华为正式对外宣布将"强力投入公共云业务"，成立专门负责公共云的部门 Cloud BU，华为公共云被命名为"华为云"。华为云提出"三不"：不碰数据、不做应用、不做股权投资，完全依靠技术和服务获取收入，认同客户对数据资产的主权，不占用客户的数据，不做与客户有竞争关系的应用，不通过投资来获取客户绑定客户，完全做到公平。华为云的"三不"与互联网公司的无边界发展完全是两种思路，而随着客户对数据主权、隐私的关注度提升，云服务商的"中立"就变得至关重要。随后，华为云新推出了数据仓库、高防 DDoS、CDN 等 40 多款云服务，总数达到 85 款，累计 4500 多个特性；华为云的用户增长率达到了 238%，先后有 12 家汽车企业，飞利浦、工商银行及一些政务服务平台选择了华为云或合作伙伴的云服务。

如今，华为云也积极投入云生态的构建当中，携手合作伙伴共同打造云生态系统，共建和谐共赢的云生态，实现快速发展。面向大中型企业，华为云帮助他们解决云转型中的困难，更好地把握未来；面向中小型企业，华为云陪伴他们成长，共同应对成长中的挑战。华为正在与全球运营商一起打造华为的合作伙伴公共云，从而构建一个全球化的云网络，例如，与中国电信合作打造的天翼云，与德国电信、西班牙电信、法国电信合作打造公共云。

百度云：四大云平台助推人工智能发展

百度云是百度提供的公共云平台，于 2015 年正式开放运营。百度云秉承"用科技力量推动社会创新"的愿景，不断将百度在云计算、大数据、人工智能的技术能力向社会输出。百度云通过技术领先的绿色低能耗数据中心、高质量网络、T级带宽接入、超大规模分布式底层架构、新一代智能自动化运维及超强云安全团队为用户的云上业务保驾护航，并由百度专家团队为用户提供最优的解决方案、全系列的计算、网络和存储产品，满足不同场景下的IT需求。

目前，百度云提供计算与网络、存储和CDN、数据库、安全和管理、大数据分析、数字营销云、智能多媒体服务等近百项基础云服务。百度云的服务理念是为客户提供云计算产品的同时，用百度自身的服务品质为客户的事业发展保驾护航。基于这种服务理念，百度云承诺为客户提供免费备案、免费镜像服务、99.999999999%数据可靠性、故障百倍赔偿、7×24客户服务支持等服务保障。通过百度云一站式服务，无论是站长还是开发者，无论是传统企业还是初创公司，都可有效节约IT运维成本，轻松地应对来自服务器、存储、带宽等资源成本和技术实施的压力，真正坐享无忧服务。在国内，中国青少年发展基金会、IT之家、MEIZU、人人视频、CCTV、中信银行等企业、单位都是使用百度云的成功案例。

百度每天都会有超过 60 亿用户点击，基于这种大数据的背景，人工智能（智能搜索、智能分析等）已经成为百度云的核心优势。2016 年，百度云计算在业内首推"云计算 + 大数据 + 人工智能"三位一体的战略，针对智能大数据、智能多媒体、智能物联网这三个领域的解决方案，分别推出天算、天像、天工三大平台。天智平台专注于人工智能领域的研究。四大平台为社会各个行业提供最安全、高性能、智能的计算和数据处理服务，让智能的云计算成为社会发展的新引擎。简要介绍如下：天算是百度云提供的智能大数据平台，提供完备的大数据托管服务及众多解决方案，帮助用户实现智能业务，引领未来。天像是百度云提供的音视频、图像和文档等智能多媒体服务平台，全面整合百度在视觉领域的人工智能优势，开放百度内容生态，助力企业轻松搭建智能多媒体应用。天工是融合百度 ABC（AI、Big Data、Cloud）的"一站式、全托管"智能物联网平台，提供从数据采集、传输、计算、存储、展现到分析全系列物联网基础云端服务，赋能合作伙伴与开发者构建各类智能物联网应用。天智是基于世界领先的百度大脑打造的人工智能平台，提供了语音技术、视觉技术、人脸识别能力、深度学习平台和自然语言 NLP 等一系列人工智能产品及解决方案，帮助各行各业的客户打造智能化业务系统。

随着未来人工智能的深度发展，百度云必将迎来其云计算能力与需求的爆发期。无论是建立于硅谷的人工智能实验室，还是于北京设立的大数据实验室和深度学习实验室，百度在人工智能领域的探索从未停止。当下，银联、携程、VIVO、清华大学超算团队、爱奇艺、图灵机器人都在使用百度云的人工智能服务。

百度同样非常重视云生态圈。百度云是百度实现闭环生态的基础，通过内部资源整合，百度为用户提供技术支持与业务支持，旨在为用户提供良好的生态服务环境。当下，百度云推出云生态领域定制化的行业解决方案，如针对教育行业提供媒体云方案，提升传统教育行业在线视频的编解码能力；针对网站站长，提供集成化的建站组件和技术能力，帮助站长简单便捷地实现站点优化、无线建站等工作。未来，百度云还将整合百度推广及大数据生态资源，通过各类产品线的联动服务，助力百度生态客户 ROI（ Return on Investment，投资回报率）的提升，最终实现其他行业与百度的共赢发展。

网易云：场景化云服务

网易云，网易集团旗下云计算和大数据品牌。网易于
2016 年 9 月发布云战略，推出网易云，并将云计算战略定
位于"场景化云服务"——从基础服务、产品研发、业务
运营等层面出发，解决企业具体场景下的业务需求。尽管
网易云只提供游戏、医疗、金融、电商、教育等十几种场
景下的解决方案，但却解决了特定领域下客户的具体需求，
这使得网易云在业界非常受欢迎。

尽管网易云起步晚，但发展极快。在 2017 年首届网
易云创大会上，网易公布的近两年发展数据显示：截至
2017 年 6 月底，网易云服务了 35 万企业用户，实现 7 亿
终端用户覆盖。

目前，除了云基础服务（计算、存储等），网易云对
外推出"场景化云服务"产品主要有通信与视频（网易云
信）、全智能云客服（网易七鱼）、网易视频云、容器云
（网易蜂巢）、云安全（网易易盾、网易云捕）等多款云服
务产品，且都有稳定的客户源。例如，智联招聘、顺丰速
运、迪粉汇、科大讯飞、新东方等企业就是使用网易云信
作为具体场景的企业。

云创大会期间，网易云首次在业界推出"专属云"，

将其定位为"面向中大型企业客户的最佳云计算形态"。网易专属云是部署在网易公共云机房内的客户独占资源专区，用户可以使用与公共云相同的 IaaS、PaaS、CaaS（通讯即服务）服务。

专属云的本质是企业级的公共云，因其像公共云一样，拥有最低的运维成本、最高性能、抗攻击和安全服务优势。但专属云超越公共云的地方在于，专属云因为硬件资源隔离，没有公共云的安全风险，可以不使用虚拟化而获得物理机的性能。同时也可以灵活控制物理资源负载，按物理资源计价，做到最低成本。专属云能够为企业带来各方面的平衡，被业界认为是目前最适合大中型企业应用场景的云计算形态。中顺易金融、易物研选、富聪金融等企业是使用网易专属云的成功案例。

UCloud：专注移动互联网领域

UCloud（上海优刻得信息科技有限公司）是国内领先的云计算服务平台，长期专注于移动互联网领域，深度了解移动互联网业务场景和用户需求。UCloud 专注于基础架构服务，通过技术研发和服务，不断提供产品和服务，降低 IT 门槛。UCloud 坚持中立原则，不涉足客户业务领域，致力于打造一个安全、可信赖的云计算服务平台。截至

2016 年上半年，UCloud 客户量近 4 万人，其中游戏客户占比超过 20%，电商客户占比超过 30%。目前，UCloud 的公有云在互联网领域紧随阿里云与腾讯云，中国市场份额排名第三。

UCloud 起步相对较晚，成立于 2012 年。由于 UCloud 没有阿里巴巴、腾讯、百度等强大企业作为后盾，而且云服务平台需要大量资金去维持，因此，UCloud 已引进 4 轮风险投资来维持运转，其中 D 轮获得 9.6 亿元的融资。UCloud 的创办人是 IT 界传奇人物季昕华，曾全面负责腾讯安全体系建设、盛大云计算平台的研发及管理，对云计算、安全行业具有丰富的经验。UCloud 核心团队来自腾讯、阿里巴巴、百度、VMware、亚马逊等国内外顶级互联网和 IT 企业，并大量引进传统金融、医疗、零售、制造业等行业精英人才。这些人才大多拥有技术背景，因此造就了 UCloud 崇尚专注、专业、创新的企业文化，拥有较强的技术能力。

尽管 UCloud 员工总数不多，但深知用户需求，秉持产品快速定制、贴身应需服务的理念，推出适合行业特性的产品与服务，业务已覆盖包含互联网、金融、教育、新零售、医疗、政府在内的诸多行业。据官方资料显示，

UCloud 已为 8 万多个用户提供了优质服务，间接服务用户数量超过 10 亿，部署在 UCloud 平台上的客户业务总产值逾千亿元。在这些用户中，大多是刀塔传奇、Wi-Fi 万能钥匙、火猫 TV、暴走漫画、探探、聚美优品等移动互联网领域的新兴企业。

UCloud 专注于体系化的云计算服务，针对不同阶段客户需求提供标准化、个性化、专业化的服务，结合优质的云计算基础产品可覆盖用户业务发展的绝大多数需求。针对特定场景，UCloud 通过自主研发 IaaS、PaaS、人工智能服务平台、大数据流通平台等一系列云计算产品，向其他行业提供公共云、私有云、混合云、专有云在内的综合性行业解决方案，其中包括计算、存储、网络、数据库、人工智能、大数据分析、安全管理、监控以及混合云等多项云服务业务，满足互联网研发团队在不同场景下的各类需求。

UCloud 安全中心旨在为 UCloud 用户提供稳定、可靠、安全、合规的云计算基础服务平台。保障平台内的云计算产品具有不低于 99.95% 的可用性，数据存储具备不低于 99.9999% 的可靠性。同时平台的安全策略及响应机制保障云计算基础服务平台避免外界恶意攻击的影响，为用户提供稳定的服务。

尽管公司起步晚，但 UCloud 却是首个在海外开展计算业务的中国公司，2014 年 10 月，其成为国内首个落户北美的云服务厂商，加大中国云计算企业的世界影响力。目前，UCloud 在全球开放北京、上海、洛杉矶、法兰克福、新加坡等共计 17 个地域，24 个可用区。UCloud 数据中心整体设计以及建筑标准为 4 星级 /T3+ 及以上级别，配合优质的多运营商 BGP 带宽及多 pop 点冗余策略，为用户提供最优的业务网络；可用区在设计上相互独立，是不同地点的数据中心，在物理和电力上都相互隔离，有独立的安全保障，单个数据中心的故障影响范围被隔离在单个可用区范围内。同一地域内的可用区之间通过高速、稳定、低延迟的网络互相连接，内网互通，同一地域采用多数据中心架设多个可用区架构，满足高等级容灾需求。

UCloud 还在北京、上海、成都、广东、深圳等地都设有创业孵化器"加 U 站"。UCloud 创业加 U 站以打造产业生态链为目标，通过搭建免费公益的服务平台，为创业团队提供免费的办公场地、云服务、投融资等配套服务，帮助创业者解决创业初期在技术、资金等方面的困难，为创业团队搭建信息共享的交流平台，为创业者铺平创业的道路。

中国云的国际地位

我国云企业有着起步晚、发展快、潜力大等特点：除阿里云在 2009 年成立外，尽管其余云企业在很早就有发展计划，但都是近年来才正式成立。不可否认的是，中国云具有无与伦比的发展潜力，每个云企业在发展过程中都形成了自身的企业文化与企业特色：一方面，这将促进我国的云计算向多元化发展，营造出百家争鸣的氛围，对建立云端生态、实现共赢具有积极的促进作用；另一方面，由于核心业务各不相同，这也意味着在未来中国走向世界的过程中，这些企业都将从云计算的不同方面成为中国的主力军。中国云企业符合"一超多发展"的布局，阿里云在国际上已初露峥嵘，其余云计算企业也各有特点，未来仍需要一段发展时间。目前可总结各云企业的特点如下。

阿里云占据国内近乎一半的公共云市场份额，也是世界级的公共云。阿里云仅用 5 年就以 29.7% 的市场占有率在中国公共云市场份额排名第一，超过亚马逊、微软和IBM 在中国市场份额的总和，把竞争者甩在身后。2017 年6 月，高德纳咨询公司公布了 2017 年全球云计算 IaaS 魔力象限（图 4.18），阿里云强势崛起成为这一核心领域的第四名，这也是中国云计算厂商首次进入高德纳咨询公司

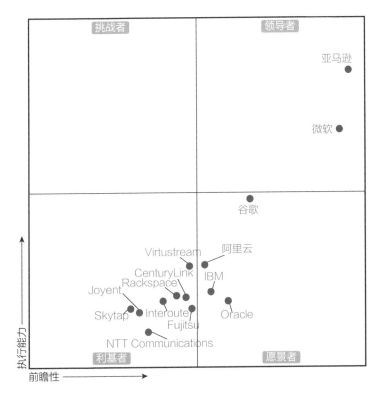

图 4.18　全球云计算 IaaS 魔力象限
来源：高德纳咨询公司 2017 年 6 月报告。

的魔力象限。很多机构认为，阿里云将凭借其在公共云市场的绝对优势，成为中国云市场的主力军之一，并极有可能迅速崛起为世界级 IT 巨头。随着阿里云成为奥运会全球指定服务商，使得 3A 格局加剧无疑是最好的佐证之一。

天翼云作为云计算国家队的代表，为打造智慧城市、数字中国作出了巨大贡献。其在2016年推出的天翼云3.0除了安全、定制化等特点，更具有创新的"云网融合"模式：将网络作为一种用户可配置、按需调用的服务，支持一点接入、多点部署、全网服务。这将全面满足"互联网＋"客户的云化需求。此外，中国电信与中国科学院国家天文台合作的 FAST 工程是中国高新科技与央企合作的新典范。

在国内，腾讯云的公共云市场仅次于阿里云。腾讯云近年来的"出海"发展同样迅速，布置全球服务器节点的速度更快，甚至超过阿里云。相比于其他对手，腾讯云的优势不仅在于其提供了更加广泛的全球服务节点和更加丰富的跨地域互联服务，还在于其依托腾讯在游戏、视频等领域的传统优势，给"出海"企业提供了更加增值的解决方案。依托"云端生态，汇聚共赢"的战略，腾讯云目前具有大批的国际合作伙伴，为未来云服务的发展打下了坚实的基础。

华为公司在硬件和私有云两大领域并行发展，国内大部分银行、政务、警务都是基于华为 FusionCloud 私有云的解决方案。如今，华为云进军公共云市场，其"上不做应用、下不碰数据、不做股权投资"的"三不"原则，深受客户与合作伙伴的青睐。华为云未来的目标是成为"全球五朵云"（AWS、Azure、Google、阿里云、华为云）之一。

百度云拥有海量的搜索数据，具有非常强大的人工智能。除基础云外，云服务下的四大平台（天算、天像、天工、天智）正共同推进人工智能的发展。相信未来，百度云会成为中国人工智能迈向世界的主力军。

网易云的"场景化云服务"，可以称得上是云计算中的"小程序"。针对运维系统功能、基础功能不完备、资源调配能力及效率低、互操作性差等私有云最大的痛点，网易云在业界首次推出"专属云"，结合了公共云和私有云的大多数优点，受到业界青睐。

UCloud 专注于移动互联网领域，在 2017 年 InfoQ 的《中国公有云服务发展报告》中，UCloud 进入前三，仅次于阿里云、腾讯云，并且是前三强中唯一的独立公共云厂商。2013 年，UCloud 率先推出香港数据中心；随后登陆北美，推出洛杉矶数据中心，进一步渗透海外市场。UCloud 还是国内第一家进入韩国、泰国等市场的公共云厂商。目前，运行在 UCloud 云平台上的企业已经超过了 4 万家，为旅游、社交、医疗、电商、游戏等多个细分领域的顶尖公司提供了海外云服务。近年来，随着国产游戏的出海大潮，UCloud 的海外业务更呈现出几何式的高速增长。

除此之外，我国还有七牛、美团云等很多具有特色的云企业。总体而言，我国云企业在各自领域都各有所成，发展出了各自企业的特色。我国云计算的技术并不落后于任何国家的任何企业，只是由于起步晚而导致国际市场份额低，因这一原因造成的客户缺失，未来将会在国际市场中慢慢进行调整。接下来，我国云企业将迎来自己的发展期与爆发期，如阿里云强势进入高德纳咨询公司的魔力象限中的前四，表明了我国云计算在国际上已占据一席之地。基于国内云计算的特点及发展潜力，相信我国云计算企业在未来国际市场中会有非常理想的前景。

第五章
云应用

  云应用既是云计算服务商向用户提供的服务，也指云计算在具体场景下的实践与应用。云计算的最终目标是云应用落地实践，如果没有云应用，云计算的能力再大也没有任何意义。云计算等先进技术，只有成功地结合云应用上的实践，才能真正实现自身价值。

  基于不同标准，云应用的划分类别也不同。例如，从功能、地域、部署模型、服务对象等都可以将云应用划分成不同的类别。本章通过前两个标准对云计算的实践应用进行划分：

  从功能角度划分——根据不同行业的具体场景对云

应用进行划分，这些行业包括政务、教育、医疗等。

从地域角度划分——根据不同地域云计算的落地实践进行划分，主要介绍北京、上海等城市中推行的云计划及取得的成果。

行业云

　　行业云（industrial cloud）是国内服务器厂商浪潮提出的概念，指由行业内或某个区域内起主导作用或掌握关键资源的组织建立和维护的，以内部或公开的方式，向行业内部组织和公众提供有偿或无偿服务的云计算平台。

　　行业由目标确定、布局松散的组织或机构构成，但行业内部各成员在资源、信息等方面可能存在严重不均衡，这种不均衡往往会阻碍行业的发展与自我完善。特别是以公共服务为主的行业，如政府、教育、医疗等机构，不同区域、相同行业的数据不同步，严重影响了行业的公共服务能力，如中国不同区域的社保和医保系统互不联通，各种社会保险至今不能跨省转移。

行业云的出现为这些问题带来了直接的解决方案：首先，行业云解决了行业内部数据聚集和共享的问题；其次，行业云可以帮助行业数据拥有者将数据转换为服务，提升业务价值。行业云不仅是传统行业向信息化转型的重要手段之一，也是云计算在各行业中的具体实践应用。目前，云计算的应用与实践已在政务、教育、医疗等多个行业领域崭露头角。这只是行业云应用的冰山一角，随着未来云计算的普及，其一定会在各行各业中都发挥作用。接下来，本书介绍一些主流行业内云应用的用途及具体场景。

政务

政务云（government cloud）是一种利用云计算技术优化政府管理和服务职能，从而提高政府工作效率和服务水平的综合服务平台，属于一种面向政府行业，由政府主导、企业建设运营的行业云。

从本质上讲，政务云在技术层面"构建了统一的政府底层IT基础结构"。从功能上讲，政务云可以将政府的IT资源整合为服务，供居民、企业和所属机关部门共享使用，从而提高政务IT资源的利用率。另外，政务云还能够满足IT资源对安全性、可靠性、可管理性等方面的需求。

目前，政务云应用集中在公共服务和电子政务领域，即公共服务云和电子政务云。公共服务云定位为由政府主导，整合公共资源，为公民和企业的直接需求提供云服务的创新型服务平台。公共服务云根据不同行业可以细分为医疗云、教育云、交通云等，应用覆盖范围极大。

电子政务云是政务云的主体，是为政府部门搭建一个底层的基础架构平台，通过云计算技术对政府管理和服务职能进行整合、精简、优化，并将传统的政务应用迁移到云平台上，从而实现各个政府部门数据的共享，提高政务的服务效率与服务能力。

电子政务云由客户端、SaaS、PaaS、IaaS四部分组成，并通过管理和业务支撑、开发工具进行联通（图5.1）。例如，以PaaS为核心的云服务平台将助力打造"服务型政府体系"：电子政务各类系统的建立，能够使政府工作人员及时地了解到老百姓时下最关心的问题，使政府部门制定出的政策法规的目的性更加明确，提高政府的办事效率，拉近政府与百姓之间的距离，维护社会稳定。

借助于政务云，两个最明显的好处在于：一方面，使用统一平台调度数据资源，可以提高资源利用率，避免重复建设，降低政府的财政支出；另一方面，通过云计算、

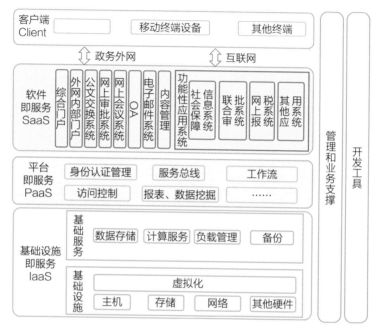

图 5.1　电子政务云架构

大数据等技术在政务云平台上实现数据信息的共享，在政府各部门之间建立"信息桥梁"，从而实现不同应用系统间的信息整合、交换、共享和政务工作协同，大大提高各级政府机关的整体工作效率。同时，政务云还能对政府工作提供安全性、可靠性等多方面的保障。

河南省政府的政务云是近年来最具代表性的云应用之一：中软国际有限公司将河南省政府各部门的数据信息实现云化，并搭建政务办公自动化、电子政务等平台。河南省的政务云促进了信息流通和资源共享，解决了政府各部门之间存在已久的"信息孤岛"难题，并在一定程度上提高了群众对政府的信任。在这个基础上，实现了政府部门的业务协同，极大地提升了河南省政务民生服务效率、网络化管理和公共服务能力，使"数据多跑腿，百姓少跑路"成为现实。

典型的政务云应用还有"云上贵州"平台。该平台通过将贵州省政务信息系统整合共享——通过燕云 DaaS 技术实时打通了扶贫、公安、教育等 12 个省级部门和试点市（州）农信社、财政局等 5 个州级部门 18 个扶贫相关系统，汇聚扶贫数据 2500 多万条，让贫困群众足不出户就能获取各级政府提供的政务服务和便民服务，真正意义上实现了精准扶贫。例如，"云上贵州"平台大大缩短了教育精准扶贫资金减免服务的周期（从传统的 4~6 个月到数天），解决了很多贫困家庭"因学返贫"和"因贫辍学"的问题。

教育

教育云指云计算在教育领域中的迁移，是未来教育信息化的基础架构，包括了教育信息化所必需的一切硬件资源，为教育领域提供云服务。从本质上来说，教育云应用是教育方式的变革，教育云是传统教育实现共享化、信息化、网络化的重要手段。教育云平台一般分为三种：一是教育部建立的公共服务云，用于统一所有学校的数据资源，便于政务的统一发布与管理；二是各个学校内部自行搭建的私有教育云，便于学校内部对师生发布通知和统一管理，实行合理的教学安排；三是第三方企业或组织向学习者提供的教育云服务。

相比于传统教育，教育云应用的优势主要有四点。第一，促进教育公平：长久以来，教育资源分配失衡、城乡教育差异大等问题严重阻碍国内教育公平化的发展，而教育云能够将教育资源通过云平台进行共享，偏远地区只需投入少量基础设施建设成本便可公平地使用优质的教育资源。第二，降低教育成本：学校可以通过教育云平台向师生发布各种信息，既降低了管理成本又提高了管理效率；同时，地方教育行政部门可以为区域内学校集中租用云服务，从而减少重复投资，提高信息资源的利用率，降低教育行政成本。第三，便于因材施教：在教育云平台中，教师既可以向学生传授自己教学领域里最精通的部分，也可以因材施教。而学生可以根据自己的爱好选择合适的教师，这也将最大限度地发挥每个学生的特长。同时，这种教育模式也能够大大提高教师教学水平。第四，学习不再受限：

教育云平台建立后，师生可以突破时间和空间的限制进行实时交流和互动，快速解决在过程中遇到的难题。云教育还将推动终身教育的发展，实现真正意义上的"活到老，学到老"。

在生活中，教育云的实践应用数不胜数。新东方、慕课网、网易云课堂等都是用户可以随时访问的教育云平台。这些平台能够向学习者提供海量、优质的课程，学习者可以根据自身爱好选择适当课程，并安排学习进度。而英语流利说、微信读书等手机 App 更加方便用户随时随地学习和思考，是当下最具代表意义的教育云。此外，国内各大高校的学生管理系统、数字图书馆、智能题库也都是教育云的重要应用之一。

无论是新东方在线还是网易云课堂等在线教育云平台，都通过云计算近乎无限的存储能力及快速弹性的特点，为学习者提供稳定的、海量的优质课程。其中，新东方在线的课程涵盖出国考试、国内考试等六大类近 3000 门课程。目前，新东方在线网站个人注册用户已逾 1500 万人，移动学习用户超过 5280 万人。网易云课堂立足于实用性的要求，与多家权威教育、培训机构建立合作，课程数量已超过 10000 节，课时总数超 100000 小时，涵盖实用软件、IT 与互联网、外语学习等十余大门类，其中不乏数量可观、制作精良的独家课程。同时，两者都具有 Web 端和移动端（Android、iOS）应用，能够随时随地通过云端数据库为学习者提供在线学习服务。

医疗

目前，国内医疗领域仍然存在医疗资源总量不足、分布不均匀、医疗数据和服务呈"孤岛"等现象。而"信息集成、资源共享"的云计算无疑是摆脱困境的不二选择，这也使得云医疗和医疗云两大概念应运而生。

云医疗本质上是一种基于云计算的服务模式，医疗云是一种云服务平台。云医疗（cloud medical treatment，CMT）指在云计算、物联网、3G 通信及多媒体等新技术基础上结合医疗技术，旨在提高医疗水平和效率、降低医疗开支，实现医疗资源共享，扩大医疗范围，以满足广大人民群众日益提升的健康需求的一项全新的医疗服务。医疗云指在医疗领域采用云计算技术来构建医疗服务平台。相对于传统医疗平台，医疗云能够实现资源共享、促进业务协同，从而杜绝"信息孤岛"现象。此外，该平台还能够有效地提高医院的服务质量与服务效率、降低医疗成本，在很大程度上解决群众"看病难"的问题。

医疗云平台的应用模式主要有以下三种。

院内私有云模式：使用私有云，能够整合内部数据资源，兼容院内传统的架构与业务，并且具有容灾备份等保障措施。这种模式不仅可以使用统一平台和调度数据资源，便于院内的资源管理，同时还实现了院内数据资源共享，使得院内各个信息系统互联互通，消除了数据和服务上的"孤岛"现象，大大提高医院的服务质量。

医院混合云模式：对于私有数据、传统的架构业务，在医院内部搭建医院私有云来进行定制化管理。对于海量的冷数据和非敏感数据，则存储在公有云端，减轻内部存储系统的压力（图 5.2）。

区域医疗云模式：以建立县（区）范围的区域卫生公有云平台为目标，通过云平台连接各乡镇卫生院、社区卫

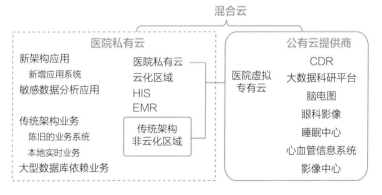

图 5.2　医院混合云模式

生服务中心，实现基本医疗服务信息系统的建立与覆盖，为远程医疗、分级诊疗提供技术支撑，这为城乡医疗资源分布不均匀所带来的问题提供了最有效的解决方案。

当下，云计算在医疗领域实现的应用，主要有云医疗健康信息平台、云医疗远程诊断及会诊系统和云医疗远程监护系统等。

云医疗健康信息平台：该平台主要是将病历、处方、医嘱等各类电子医疗文档整合起来，在云端建立一个完整的数字化电子健康档案（EHR）系统。同时，该平台还能方便居民更快地与医生进行沟通。

云医疗远程诊断及会诊系统：针对偏远地区，通过云医疗远程诊断及会诊系统，实现专家与病人、专家与医务人员之间异地"面对面"的会诊，节约医生和病人大量的时间和金钱。

云医疗远程监护系统：云医疗监护设备能够对病人的生命信号提供全方位的监测。若出现异常数据或紧急情况，监护系统会触发警报，并即刻通知监护人，以免错过最佳救治时间。

济南市第二人民医院就是云计算在医疗领域的成功实践之一。济南市第二人民医院是济南地区建院最早的医院之一，始于 1923 年，目前年接诊量约 25 万人次，年手术量 10000 多例。

随着济南市第二人民医院的发展，门诊量不断攀升，突发流量情况增多，对医院的整体服务水平提出了更高的要求。在新形势下，院方要求 IT 系统具备更稳定、更高效、更安全的特性。最终，济南市第二人民医院决定通过深信服企业级云，对数据中心进行云化改造，并使用云化数据中心来承载医院的绝大多数核心业务。新打造的云数据中心具有明显的优势。

性能：高性能集群，配置 3 台全闪存服务器，IOPS 性能超过 30 万；采用 6 台服务器构建混合资源池提供大容量存储，满足日门诊量 3000 人次的业务需求。

运维：业务系统自动化部署，实现业务拓扑实时展示，让运维可视化，医院维护人员两小时即可熟练掌握。

兼容性：云数据中心利用部分旧的服务器完成搭建，对硬件兼容性较好。

稳定性：云数据中心能保障在服务器出现故障时，RTO＜3 分；核心系统更是实现 RPO=0（RTO：恢复时间目标；RPO：恢复点目标）。

安全性：采用虚拟化下一代应用防火墙实现南北向隔

离，采用分布式防火墙实现东西向流量隔离，满足云计算环境下的安全要求。

交通

城市化是世界各国共同的发展趋势，随之而来的是城市交通问题——适应不同人群、不同消费需求的各种车辆混杂在道路交通中。各类交通混行的结果即相互影响、发生冲突、出行困难、效率低下。随着云计算、大数据、物联网等互联网新兴技术的不断发展，这些问题会迎刃而解。

交通云属于公共服务云，是基于云计算技术的交通云服务平台。交通云将车辆信息、路况信息、驾驶员信息等错综复杂的信息，集合到云计算平台进行处理与分析，并将处理结果反馈回终端。交通云会为各个道路、车辆、驾驶员建立详细的档案系统，从而形成一套完整的信息化、智能化、社会化交通信息服务体系——智慧交通，使国家减少在交通设施方面的财政支出，并发挥交通设施的最大效能。

智慧交通的概念由 IBM 提出，是融合了物联网、云计算、大数据等互联网技术的交通信息服务系统。首先，通过监控器、传感器的物联网技术实时采集车辆位置、天气情况、道路拥堵情况等交通数据信息，并上传至交通云。

然后，经过交通云平台的处理、分析与反馈后，由终端向驾驶员和交通管理人员提供实时辅助功能与建议，包括交通信息、会员服务、行车咨询、实时路况、违章查询、车辆保险和停车服务等（图 5.3）。

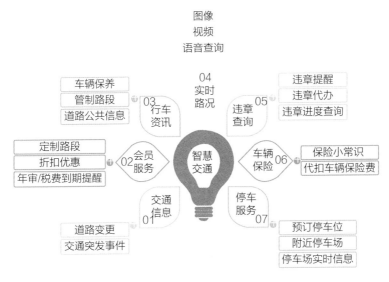

图 5.3　智慧交通辅助功能

智慧交通带来的最直接的效益有两个方面：一方面，利用大数据分析预测车辆故障和交通事故的发生，提前做好预防措施，大大减少交通事故和人员伤亡；另一方面，用于车辆路径规划，改善交通状况，充分发挥城市交通设施的效能，既能减少国家对于道路建设的投入，也能有效缓解堵车问题。

例如，滴滴出行利用交通摄像头实时收集交通数据，并通过云计算对交通数据进行实时分析，从而构建智慧化交通，打造"智慧红绿灯"。2017年，智慧红绿灯上线1200个交通路口，智能规划出行，平均缓解拥堵10%～20%。智能信号灯可提高通行效率，以济南为例，在已优化的344个路口中，每天为济南市民节省超过3万小时的通行时间，相当于每年节省1158万小时，相当于多创造3.6亿元的收入。在环境友好方面，智能信号灯可减少车辆怠速、缓行时间和排队过程中的停车启停次数，减少二氧化碳排放，以济南市为例，全年累计减少4.4万吨二氧化碳排放。

此外，贵州省的"农村滴滴"服务平台——"通村村"，通过用户、车辆、路网等数据信息，进行云端供需匹配，实现农村客运线路科学规划、优化运营、高效运转；杭州市的"城市大脑"则已接管杭州128个信号灯路口，实现路径规划功能，并能做到对救护车、消防车、警车等特殊车辆优先让行。这些都是交通云典型的成功实践。

办公

在PC时代，微软公司的Office软件垄断文档办公市

场，但随着企业协同办公需求的不断增加，传统办公软件
显现出价格昂贵、对电脑硬件有需求、不支持协同工作等
缺点。

云办公，指在云计算技术基础上，为企业、政府、个人
提供文档编辑、存储、协作、沟通、移动办公、工作流程等
云端 SaaS 服务。云办公的原理是把传统的办公软件以瘦客
户端（thin client）或智能客户端（smart client）的形式在
网络浏览器中运行（图 5.4），达到轻量化目的。随着云办
公技术的不断发展，现今世界顶级的云办公应用，不但对
传统办公文档格式具有很强的兼容性，更展现了前所未有

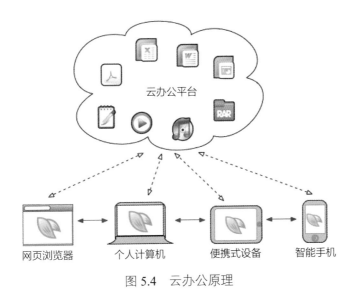

图 5.4 云办公原理

的特性。

相对于传统办公不断暴露的问题，云办公的优越性体现在以下几个方面。

轻量化、按需付费：运用网络浏览器中的瘦客户端或智能客户端，云办公应用实现了最大限度的轻量化，用户不再需要安装臃肿的客户端软件，只需打开网络浏览器便可轻松运行强大的云办公应用。此外，云办公应用还向客户提供了新的付费方式，使用云端 SaaS 服务，客户可以按需付费，降低办公成本。

跨平台、随时访问：由于瘦客户端与智能客户端具有跨平台特性，因此，云办公应用自然也继承了这项优势。只要使用带有浏览器的智能设备为载体，客户就可以通过云办公应用随时随地访问、修改文档内容，并同步至云存储空间。用户无论通过何种终端设备使用云办公应用，都具有相同的办公环境，可访问相同的数据内容，大大提高办公的统一性与便捷性。

协同能力强：云办公应用具有强大的协同特性，文档可以多人同时编辑修改。不受地理因素的影响，工作人员可随时构建网络虚拟知识生产小组，围绕文档进行直观沟通、讨论，大大提高团队协作项目的效率与质量。

目前，最主流的云办公应用是 Google Docs，该应用是谷歌在其云计算基础设施之上建立的一款基于 Web 的网络应用程序，能够记录下所有用户对文档所做的修改，主要支持在线文档、表格和演示文稿三种类型的文件。

Google Docs 是云计算的一种重要应用，可以通过浏览器的方式访问远端大规模的存储与计算服务。Google Docs 具有云办公应用程序的所有优点。例如，用户只要接入互联网，利用网络浏览器就可以随时随地使用 Google Docs，对文件进行编辑；Google Docs 还为用户提供云存储服务，保证用户可以在线上存储相关文件；基于网络应用的 Google Docs 还具有很强的兼容性，支持用户跨平台访问、编辑文件；还可以用于监控责任清晰、目标明确的项目进度，这为同组的工作人员进行协同创作、编辑文件带来极大的便捷性，突破了时间和空间对协同开发的局限性。

此外，91 云办公、Office 365、Evernote 等在线办公软件也是云办公应用中的佼佼者，具有各自的特色。例如，91 云办公协同"零距离"，通过手机，即可与网页端、PC 端无缝对接，让办公摆脱时间、空间、设备束缚；Office 365 能够为用户提供超大的云存储空间，并随时随地向用户或企业提供个性化的 Office 和云端 IT 服务；Evernote 则瞄准跨平台云端同步这个亮点，允许用户在任何设备上记录信息并同步至用户的其他绑定设备中。

电商

云计算等技术的发展不仅变革着传统行业，使之开始向信息化转型，同时，云计算也为本身属于互联网行业的电子商务的发展带来全新机遇。

电子商务即电商，指在互联网开放的网络环境下在全球各地进行的广泛商业贸易活动，是一种使用基于浏览器 / 服务器的应用方式，买卖双方不谋面，就可以进行各种商贸活动，实现消费者的网上购物、商户之间的网上交易和在线电子支付及各种商务活动、交易活动、金融活动和相关的综合服务活动的新型的商业运营模式。

电子商务交易平台的访问量具有较强的突发性和并发性，严重时会出现服务中断，在特定时刻还会因为服务器瘫痪给企业造成难以估计的经济损失。因此，电子商务企业开始注重运用大数据处理技术来建立电子商务云平台，并将此应用于自由的电子商务平台，利用云计算保证电子交易的稳定与安全，进而提升其核心竞争力。

电子商务云指基于云计算商业模式应用的电子商务服

务平台,主要由掌上商城、交易云、营销云、运营云、物流云等部分组成(图5.5),基本覆盖电子商务产业链条的每个环节。

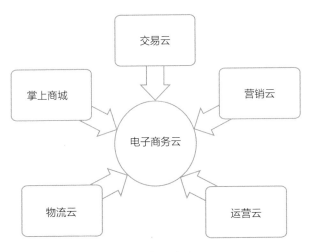

图 5.5　电子商务云

目前,全球范围内越来越多品牌,如亚马逊、天猫、京东等,在其商业布局上已经有了向云端转移的趋势。高效互动的云电商解决方案必将成为电子商务在全球开展业务的利器。与传统基于网站模式的电子商务平台相比,采用云电商的解决方案主要有以下四点优势。

提高电子商务服务效率:云电商解决方案具有快速响应的能力,能够根据企业需求及时做出反应。这个特点可以为电子商务企业实现弹性的扩展应用部署操作。随着企

189

业电商业务的发展，货品种类和数量相应增多，快速处理订单是商业活动开展的前提和基础。云电商解决方案可以优化配置企业不同渠道、不同地域的电商业务。

降低电子商务成本：在没有应用云电商解决方案之前，电商企业需要花费大量的精力在技术维护和更新上。随着云服务的出现，云电商技术供应方变成一个平台，电商企业只需按照需求即可找到自己需要的服务，可以将更多的精力放在主要业务上，同时又大大降低企业的 IT 维护成本。

增强电子商务数据安全性：云计算可以使电子商务企业的数据得到最大限度的存储安全保障。云电商解决方案采用数据多副本容错、虚拟化等技术，保障数据服务的可靠性。

由于云电商解决方案是通过互联网将用户数据存储在"云"端的，这样就有效避免了因本地设备技术落后而产生的存储安全风险。云电商解决方案供应商通过将电子商务企业的商品等信息统一管理、实时监测、负载均衡等，为电子商务企业的数据提供最大限度的保障。

让电子商务更便捷：云电商解决方案使网络访问便捷化，用户可借助于不同的终端设备，通过标准的应用来达成对资源的访问，并且无处不在。基于这个特点，云计算可以帮助企业随时随地、方便快捷地进行日常的商业活动，企业员工甚至可以将交易任务带回家完成。消费者也可以利用电脑、手机等设备通过网络在任何时间、任何地点进行商品的查询、支付等商业活动。

"双十一"天猫购物节应该是最典型的具有突发访问量的电子商务活动。在 2017 年天猫购物节中，高峰期间的交易峰值为 32.5 万次 / 秒，支付峰值达 25.6 万次 / 秒，同比 2016 年增长超 1.1 倍，数据库处理峰值更是达到了 4200 万次 / 秒。从 2015 年开始，天猫"双十一"每年都采用混合云架构，将电商交易的核心链条、菜鸟物流订单流量及仓配公司，直接切换到阿里云的公共云计算平台，通过公共云平台近乎无限的计算能力来满足"双十一"当天的访问量需求。

农业

近年来，智慧农业的研究和应用引起各国、各界的密切关注。云计算及其衍生技术不仅颠覆了传统农业的劳作方式，也打破了传统农业的生产模式，智慧农业使传统农业向集约化、精准化、可视化、智能化转型。

智慧农业是农业生产的高级阶段，将云计算、大数据、物联网等新兴技术运用到传统农业。智慧农业首先依托部署在农业生产现场的各种传感节点来监控和收集环境温度与湿度、土壤水分、二氧化碳、光照强度等参数。然后，通过无线通信网络将数据传输到移动平台或云端。最后，使用云端软件进行数据的处理与分析，从而实现农业生产环境的智能感知、智能预警、智能决策、智能分析、专家在线指导，为农业生产提供精准化种植、可视化管理、智能化决策。

此外，智慧农业还可以和电子商务结合，打造农村电子商务云平台。农村电子商务云平台通过云计算嫁接各种服务于农村的资源，拓展农村信息服务业务、服务领域，使之成为遍布县、镇、村的三农信息服务站。农村云平台由专业技术人员管理与维护，在云端安装常用软件，存放各类农业教育资料，并为每个用户开辟存储空间，用于存放用户自己的配置和信息数据，这样用户只需要少量的计算机基础，就能够在云端顺畅地进行相关操作。

值得注意的是，农村电子商务云平台的实体终端必须直接扎根于农村、服务于"三农"，做到真正使"三农"服务落地，使农民成为平台的最大受益者。

慧云智慧农业云平台是利用物联网、移动互联网、云计算等信息技术与传统农业生产相结合，搭建的农业智能化、标准化生产服务平台。使用该农业云平台，不仅可以帮助生产者远程智能监控、自动控制生产现场的生产环境，实现精准作业，还能帮助用户为每一份农产品建立丰富的溯源档案。该平台还与电子商务平台、微信公众号相结合，促进农产品的网络营销。

五纯生态农业有限公司地处张家口怀安县，公司以生态种植为主，即全程无农药、无化肥，远离污染源。五纯生态农业通过携手慧云，借助于物联网、云计算、移动互联网等技术实现对种植过程的全程监控，监控水稻育秧大棚的空气温度与湿度、土壤温度与湿度，秧苗的叶面湿度，监控水稻大田的土壤 pH、光照强度等数据。

慧云智慧农业云平台集人员管理、标准化种植管理于一体。通过手机应用，管理者能够实时访问云端数据——监控农作物的生长情况、大田的环境数据，还能够根据农作物的生长情况，通过手机应用对工作人员进行安排，查看任务的进度及汇报等，这种高效管理方式成了保证农作物品质的关键条件之一。

媒体

随着互联网技术的发展和社交网络的兴起，媒体呈现碎片化趋势。每个人都可以成为一个媒体，即自媒体。自媒体既可以传播信息，也可以发布信息，这种媒体以个人博客、微博、空间主页、群组等形式展现出来。同时，一些企业、机构的 QQ 群、网站、官方微博也呈现出同样的倾向，各类互联网的应用、游戏、网站都显现出互动传播功能。

媒体指传播新闻、社交、娱乐等信息的媒介。在结合云计算技术之后，云媒体也衍生出云新闻、云社交、云游戏等概念。

云新闻（cloud news）指基于云计算商业模式应用的新闻网络平台服务。在云新闻平台上，所有新闻发布的参与者、战略策划、管理、相关法律等都会集中整合进资源池，从而实现新闻资源统一调度，参与者之间的互动互联、按需交流，既可以降低成本，也能保证新闻发布的时效性与准确性。例如，腾讯新闻、网易新闻、搜狐新闻、今日头条等应用软件都在云计算、大数据等技术的基础上对信息进行筛选与整合，进而及时发布相关领域的最新新闻。

云社交（cloud social）是一种基于物联网、云计算和移动互联网等技术交互的虚拟社交应用模式，以"资源分享关系图谱"为目的，进而展开社交网络。云社交的主要特征就是把大量的社会资源统一整合和评测，构成一个庞大的资源池向用户按需提供服务，参与分享的用户越多，其能创造的利用价值就越大。例如，现在大多数人使用的百度网盘就属于一种云社交应用，其本质上属于公有云存储的一种，通过云计算的虚拟化技术为用户提供大额的存储空间。百度网盘与传统的云存储的不同之处在于，其还有资源共享功能。这点也正是云社交应用的重要表现形式，与腾讯、陌陌等聊天交友的社交软件不同，百度网盘是基于图片、视频等资源的分享达到用户之间的互联。

云游戏（cloud gaming）是一种以云计算技术为基础的在线游戏技术。云游戏技术使图形处理与数据运算能力相对有限的轻端设备能运行高品质游戏。在云游戏场景下，游戏并不在玩家游戏终端，而是在云端服务器中运行，并由云端服务器将游戏场景渲染为视频、音频流，通过网络传输给玩家游戏终端。玩家游戏终端无须拥有强大的图形运算与数据处理能力，仅拥有基本的流媒体播放能力，以及获取玩家输入指令并发送给云端服务器的能力即可。例如，当下异常火热的 VR 游戏，若想要在技术上表现出高性能，需要对内存、网络和存储等计算基础设施提出新的要求，而云计算的虚拟化技术恰恰能提供 VR 游戏所需的计算能力，通过云端进行图形处理，不再依赖普通的基础设施；即便需要服务器升级，云端的可改造能力也要完全强过普通的硬件设施，这也为未来 VR 游戏的发展提供了必要条件。

物流

传统物流指物品从供应地向接收地的实体流动过程中，根据实际需要，将运输、储存、装卸搬运、包装、流通加工、配送、信息处理等功能有机结合起来实现用户要求的过程。随着近年电子商务的兴起，云物流也开始变革物流行业。

云物流（cloud logistics）即云快递，指结合电子商务企业的需求，并基于云计算来实现传统物流功能的服务平台（图 5.6）。物流行业的不同标准是当下行业内部的最大问题，云物流通过统一的平台，将运单查询流程、服务产品（国内、同城、省内）、收费价格、售后服务（晚点、丢失赔偿）及保险等继续标准化与透明化。发货公司通过平台，能方便地选择最合适的物流公司；物流公司和客户通过平台，能迅速找到订单与运单。

早期的物流云大多指一些传统的快递或物流公司，通过引入公共云或私有云的服务来改造其 IT 基础设施，一

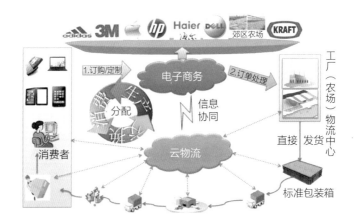

图 5.6　云物流服务平台

方面能够简化 IT 基础设施运维流程，另一方面能够满足物流期间对弹性、扩容的快速支持。随着物流云的发展，物流云逐渐承载更多的生态需求，需要行业内的合作伙伴联系在一起，利用物流云平台，共同打造一个包含物流生态行业和智慧物流行业的解决方案，丰富物流云平台的基础架构和体系结构。

物流云服务平台是面向各类物流企业、物流枢纽中心及各类综合型企业的物流部门等的完整解决方案，依靠大规模的云计算处理能力、标准的作业流程、灵活的业务覆盖、精确的环节控制、智能的决策支持及深入的信息共享完成物流行业的各环节所需要的信息化要求。

　　菜鸟物流云是当前该行业领域内规模较大的物流云之一。菜鸟物流云希望能够通过部署在物流云平台上的全球化的服务节点和全球化的服务组件及产品，帮助国内的快递或物流行业的合作伙伴快速走出国门，将自己的业务推向全球。同时，菜鸟物流云利用云计算、大数据等技术，帮助合作伙伴提高物流效率，加快商家库存周转，降低社会物流成本，提升消费者的物流体验。

　　具体而言，菜鸟物流云利用云计算将物流企业的系统信息进行整合，加强企业对物流信息系统的利用，从而在一定程度上提高企业的效率。利用云计算来整合资源，不仅能减少人员和设备的支出，更能减少对软件的投资，极大地降低资金成本。此外，利用云端信息共享及数据分析，可以高效地统计客户信息，制订物流运行线路；通过分析当前地区用户的物流喜好和物流需求，物流公司能设计出更加合理的物流配送路线，这必将提高物流配送效率，缩短配送时间，节约成本，提升消费者的物流体验。

　　目前，通过菜鸟物流与合作伙伴的努力，全球智慧物流网络已经覆盖 224 个国家和地区，并深入中国 2900 多个区县，其中 1000 多个区县的消费者可以体验到当日达和次日达的配送。以历年天猫"双十一"为例，菜鸟物流成立以来，通过智慧物流的提升，虽然单日物流订单量从 1.52 亿单攀升到 8.12 亿单，但是配送 1 亿个包裹的时间却从 9 天缩短到 2.8 天，创造了世界物流业的奇迹。

城市云

云应用，除从功能角度划分之外，还能从地域角度进行划分——国内很多城市都有云计算落地实践的项目，如北京"祥云工程"、上海"云海计划"等。这些项目的成功落地，一方面，可推动当地形成云计算产业链，促进传统行业向信息行业转型；另一方面，在国内迅速发展出一批云计算平台、云计算中心及云计算基地，为中国打造世界级云计算城市作出了巨大的贡献。此外，"城市大脑""城市云脑"等项目，对世界各国打造智慧城市具有积极的引导作用。接下来，本书介绍其中九个具有代表性的城市云计算落地实践项目。

北京："祥云工程"

2010 年 7 月，北京市政府启动了实施"祥云工程"的行动计划，由用友、联想等 19 家单位发起的中关村云计算产业技术联盟正式挂牌成立。2010 年 8 月 9 日，北京市发展和改革委员会、市经济信息化委员会和中关村科技园区管委会，组织北京云计算领域的骨干企业，制订并正式发布文件《北京"祥云工程"行动计划（2010—2015 年）》。"祥云工程"有五大重点发展领域：云计算适用芯片与软件平台、云服务平台、云计算解决方案、云计算网络产品和云计算终端产品，构造完整的云计算产业链条，带动北京信息技术产业的整体提升。行动计划明确了未来阶段的总体目标是"形成技术、产品和服务一体化发展的产业格局，发展一批高效能、高安全、低成本的云服务，聚集一批世界领先、全国领军的云计算企业，形成一批创新性的新技术、新产品、新标准。到 2015 年，云计算的三类典型服务形成 500 亿元产业规模，带动产业链形成 2000 亿元产值，云应用水平居世界各主要城市前列，成为世界级的云计算产业基地"。

2010 年 8 月 16 日，北京亦庄云计算基地建成，旨在以"基金＋基地"模式建立中国云计算的生态系统，成为全球领先的立足于中国云计算产业的企业群落。一年后，该云基地发展为北京中关村云基地，集云思想、云资本、云孵化、云企业、云创造和云人才于一体。中关村云基地的成立，对务实推进北京市云计算产业进一步发展，确立北京中关村地区成为北京云计算事业发展中心、北京云时代的技术研发中心、北京云计算行业创造与创新中心、全国乃至全球云计算人才交流中心、中国云计算行业资本汇聚中心等"五个中心"的领导地位，具有里程碑式的意义。

"祥云工程"的战略意义在于整合北京市云计算产业的高端人才、风险投资、产业基地、创新性企业等产业发展要素，推动云计算产业早起步、快发展、上规模，在新一轮信息技术的国际竞争中抢占先机。同时，以"祥云工程"的实施为推进平台，在电子政务、重点行业应用、互联网服务、电子商务等主要应用方向上实施一批不同层次和功能的云计算重大工程，并在中关村核心区规划建设北京云计算产业基地，聚集一批云计算科研机构和产业链各环节的核心企业，将北京打造成世界级云计算产业基地。

上海："云海计划"

面对云计算这一信息技术的第三次浪潮，上海奋起直追，迅速规划了"云海计划"蓝图。"云海计划"是上海推进云计算发展的总体战略部署，"云"即云计算，"海"即上海。"云海计划"将上海云计算发展划分为三个阶段：

第一阶段（2010—2012年）为"云海计划1.0"阶段，重点是"自主研发、试点示范"，即自主创新解决方案形成体系，试点示范开始布局，商业模式创新取得突破。

第二阶段（2013—2015年）为"云海计划2.0"阶段，重点是"优化环境、示范推广"，即计算技术体系基本完善，标准体系初步建立，使得云计算服务模式被用户广泛接受——面向个人、企业、政府等不同用户，大力推进安全、可控、高效的云计算服务，从而推进以云计算为主的第三方数据增值服务和服务外包产业。其中针对企业，将推进传统信息服务向云架构迁移，大力推广公共云服务，鼓励使用政务云等。

第三阶段（2016—2018年）为"云海计划3.0"阶段，重点是"全面云化、升级产业"，即普及云计算服务模式，形成云计算产业体系，带动相关产业能级显著提升。

2010年8月17日，上海市经济信息化委员会发布了《上海推进云计算产业发展行动方案（2010—2012年）》三年行动方案，即"云海计划"。该计划的总体目标是：经过三年的努力，上海将致力于打造"亚太云计算中心"，实现上海在云计算领域"十百千"的发展目标。即培育十家在国内有影响力的年经营收入超亿元的云计算技术与服务企业，建成十个面向城市管理、产业发展、电子政务、中小企业服务等领域的云计算示范平台；推动百家软件和信息服务业企业向云计算服务转型；带动信息服务业新增经营收入千亿元，培养和引进千名云计算产业高端人才。

目前，居国内云计算细分市场前列的上海公司越来越多。在网络分发领域，上海的网宿科技占据了七成市场，是绝对龙头；在云计算数据中心领域，宝信软件相继建成了8000个机架资源，而且很快还会把规模再扩充1倍，从而成为领先的云计算基础资源供应商；在企业级云基础设施运营、敏捷运维等领域，上海的有孚云、新炬网络等也都独树一帜。

深圳："鲲云计划"

2010年8月3日，深圳市云计算产学研联盟宣布成立，推动深圳云计算发展的"鲲云计划"也正式启动。深圳市云计算产学研联盟由华为技术有限公司、深圳国家高技术产业创新中心、中国电信深圳分公司、中国移动深圳分公司、中国联通深圳分公司、金蝶国际软件集团有限公司、深圳市迅雷网络技术有限公司、国家超级计算深圳中心、中国科学院深圳先进技术研究院、哈尔滨工业大学深圳研究生院 10 家单位共同发起，涵盖了深圳从事云计算产业相关的网络、技术、内容、服务和运营等重点产学研单位和机构。其他成员单位包括深圳广电集团、卓望数码等 40 多家单位。

深圳云计算产业正呈现爆发式的增长态势，云集了华为、中兴、腾讯、金蝶、迅雷、宝德、卓望等一批云计算龙头企业。该联盟的成立，有助于促进深圳市云计算形成完善产业链，提升云计算产业的整体能力，增强深圳乃至全国信息技术产业的核心竞争力。在该联盟的统筹下，各参与单位共同推进"鲲云计划"实施，包括推进云计算创新解决方案试点、促进重大公共技术研发、推动知识产权管理与标准化、加强认证检测与集成互通检测服务、加强专业人才培养等。

不久，曙光"星云"也正式落户于深圳超级计算中心。"星云"超级计算机系统是中国第一个具有自主知识产权的实测性能超千万亿次的超级计算机系统，该系统用于科学计算、互联网智能搜索、气象海洋预报、基因测序等行业和领域。在 ISC 实测中，曙光"星云"系统每秒系统峰值达 3000 万亿次（3PFlops），每秒实测 Linpack 值达1271 万亿次。此外，"星云"系统还有"四高二低"技术亮点，即高性能、高效能、高可靠、高密度和低功耗、低成本。未来，"星云"将在深圳特区的科技、经济和社会发展中发挥出巨大作用，有力加快深圳市向工业化、城市化、现代化转型的进程。

广州："天云计划"

2012年1月17日，广州市人民政府正式发布《关于加快云计算产业的发展行动计划（2011—2015年）》（简称"天云计划"），目标计划为到2015年，建成5个以上国际水平的云计算服务平台；突破10项以上云计算关键技术，形成一批领先的专利技术，制定一批创新性云计算技术标准；推广10个以上云计算试点示范，形成一批带动能力强的示范应用；实现150亿元以上的云计算产业规模，带动600亿元相关产业链产值，形成特色鲜明、优势突出的云计算产业。

"天云计划"的云计算领域重点工程，主要以电子政务、城市安全、教育、医疗方面的云服务示范开展一批创新型云服务示范应用，带动云计算服务发展。

电子政务云服务示范：利用亚运信息技术资产和自主知识产权产品建设电子政务云服务试验平台，率先推进政府服务网上办理、市民网页、会议系统、安全等云服务应用，探索云服务模式和经验，逐步推广，加快电子政务数据中心和服务向云平台迁移，实现电子政务信息与资源整合。

城市安全云服务示范：利用现有城市视频监控图像数据资料，建设安防视频监控、公共突发事件应急事件处置、城市管理等智能化综合应用平台，实现资源共享和统一管理。

教育云服务示范：整合全市教育信息资源，建立数据交换与共享平台，提供网上授课、在线辅导、在线考试、学生管理等云计算服务，推动教育资源均衡化发展。

医疗云服务示范：以建设市民健康档案和医疗档案为核心，整合医院、检测机构、社区医院等机构的健康信息、医学影像和就诊信息，实现共享共用，提供远程健康管理、体检、会诊等云服务。

贵州："云上贵州"

贵州在全国率先建立省级政府数据统筹存储、共享开放、开发利用的云计算平台，为数据融通提供坚实基础和有力支撑。数据整合，洞察群众需求；数据共享，提升服务效率；数据融通，助推脱贫攻坚。贵州在大数据助力下，全力打造"服务到家"模式，打通服务群众的"最后一公里"，让百姓分享大数据发展红利。

2014 年 10 月 15 日，贵州大数据产业发展重要基础设施——"云上贵州"系统平台正式开通运行，平台主要围绕电子政务、智能交通、智慧物流、智慧旅游、工业、电子商务、食品安全等方面建设"七朵云"，推动建设面向政府、公众和企业的云计算和大数据服务平台，探索新的商业模式，让贵州人民享受到大数据带来的"新生活"。

贵州省是全国脱贫攻坚的主战场，建档立卡的农村贫困人口有 748 万人，还有农村贫困人口 372.2 万人尚未脱贫。为此，贵州省以"服务到家，大数据推进扶贫中的放管服"为指导方针，通过政务信息系统整合共享，建设"精准扶贫大数据支撑平台"，通过燕云 DaaS 技术实时打通了扶贫、公安、教育等 12 个省级部门和试点市（州）农信社、财政局等 5 个州级部门 18 个扶贫相关系统，汇聚扶贫数据 25750046 条，实现了互通共享、自动比对、实时更新、自动预警和融合应用，让贫困群众足不出户（村、社区）就能获取各级政府提供的政务服务和便民服务，助推脱贫攻坚。

以教育精准扶贫资金减免服务为例，传统的业务流程是：高校贫困大学生入学预交学费，学生寒假期间持在校证明到户籍地教育部门提交申请，教育部门与扶贫部门进行数据核对后向财政申请拨款给学校，学校再退款学费给学生，时间周期为 4~6 个月。为筹集学费，有的贫困家庭"因学返贫"，有的贫困学子甚至因无法预先垫付学费放弃学业。

现在，通过云上贵州数据共享平台来获取贫困学生的数据，贫困学生不用预缴学费即可通过"绿色通道"直接报到入学，不用再为学费而发愁。2017 年，在黔西南开展的试点工作中，2071 名省内高校录取的贫困学生获得学费自动减免。平台自动将国内各个高校录取的新生信息与建档立卡贫困信息进行精准对比，自动推送至省内各高校和教育、扶贫、财政等关联部门，从而实现相应手续自动办理。"绿色通道"不仅改变了以往需要学生先缴费、再申请、后返还的烦琐程序，使学生避免多次往返申请，也让各部门工作人员得以从大量的人工核对、证明出具工作中"减负"。精准扶贫大数据支撑平台还可对接教育部的数据，以实现贵州省的贫困生在全国范围内学费自动减免。

教育、医疗、养老、国家各项惠农政策都关乎农民的切身利益。目前，通过使用云计算技术进行系统整合、数据共享、流程再造、事项下沉，政府职能完成了从管理到服务的深层变革，贵州省网上办事大厅已完成省、市、县、乡、村五级全覆盖，全省 353 个审批服务类信息化系统业务整合优化后，分级实现一站式办理。如果农民不会使用电脑，政府工作人员只需几分钟就能帮他们办好全套业务，并且不需要出村就能完成，让"数据多跑路，群众少跑腿"成为现实。接下来，贵州省网上办事大厅将整合更多部门的数据，优化服务设计、增加服务内容，做到让更多老百姓"会使用、能用好、离不开"。

贵州省内村镇位于山间，山高坡陡，由于盈利比较少，驾驶员、车主都不愿意载客上下山。而"农村滴滴"服务平台——"通村村"，通过不同端口实时获取车辆、用户、路网等多元数据，进行云端供需匹配，实现农村客运线路科学规划、优化运营、高效运转，搭建了一个出行需求信息与车辆供给之间的信息撮合平台，使得车辆可以按照老百姓的需求来使用。从 2017 年 4 月运行至今，仅大塘乡试点中，"通村村"就完成了校园巴士发车近千次，平安接送学生上万人次。此外，每天还有 208 辆农村客运车辆为赶场、外出的村民提供包车、定制公交等网约车服务。"通村村"平台已经完成贵州省 35 个县数据的对接工作，2018 年年底实现全省 88 个县市的应用。

　　除了扶贫与便民，大数据产业也拉动了贵州经济列车。"云上贵州"采用多维数据融合，让农村家庭作坊式的小生产实现转型升级，走上规模化、产业化道路。例如，微工厂生产模式使得扶贫方式从"输血模式"转变为"造血模式"。微工厂通过获取农业数据精准勾画农产品特色、获取旅游数据洞悉市场需求、获取扶贫数据助力劳动者组织，实现精准开发旅游商品，打造地方特色品牌，将产品自动推送至电商平台，完成产业帮扶的闭环。据统计，2016 年贵州地区生产总值为 11734.43 亿元，比上一年增长 10.5%，增速高出全国 3.8 个百分点。

　　此外，"云上贵州"正在拉开贵州"数据之都"的序幕。2017 年 7 月 12 日，贵州省政府与苹果公司签订了 iCloud（苹果公司提供的云端服务）战略合作框架协议，标志着云上贵州大数据产业发展有限公司成为苹果公司在中国大陆运营 iCloud 服务的唯一伙伴。作为当今世界跨国高科技巨头之一，苹果公司将和云上贵州大数据产业发展有限公司共同建设数据中心，投入 10 亿美元"携手并进"。此前，微软、戴尔、英特尔等全球 IT 领先企业也与贵州签订多项合作协议，并联手建立多个创新平台及大数据平台孵化基地。

综上可见，贵州正在贯彻落实党的十九大关于建设数字中国、智慧社会的决策部署。围绕推动数据服务、政务服务、便民服务和产业服务进村入户，把"服务到家"作为"放管服"改革的关键领域和有效抓手，切实打造数字化、数据化、智能化、协同化的"互联网＋政务服务"贵州模式，构建一条能自我成长、自我完善的扶贫攻坚、治理提升新路径。

杭州："城市大脑"

在 2016 年云栖大会上，杭州市政府联合阿里云等企业，发布了全球第一个城市大脑的计划，用云计算处理大数据，用大数据治理城市。该城市大脑的内核采用阿里云 ET 人工智能技术（图 5.7），利用丰富的城市数据资源，对城市进行全局实时分析，自动调配公共资源，不断完善社会治理，实现科学治理与智慧决策，从而推动城市可持续发展。在治理城市的过程中，城市大脑还将不断完善自身，最终进化成为人类可信赖的、完全自主的超级人工智能。

在 2017 年云栖大会上，城市大脑 1.0 正式发布。阿里巴巴技术委员会主席王坚交出了用城市大脑智能治理城市的周年答卷：城市大脑已接管杭州 128 个信号灯路口，

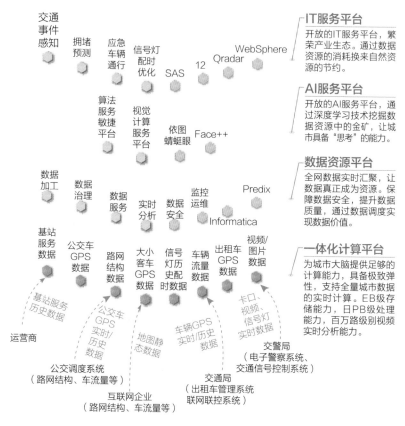

图 5.7　ET 城市大脑总体架构

试点区域通行时间减少 15.3%，高架道路出行时间节省 4.6
分钟。在主城区，城市大脑日均事件报警 500 次以上，准
确率达 92%，大大提高执法指向性。杭州市交警支队已经
在主城区通过城市大脑进行红绿灯调优，并即时提供出警
决策。萧山区创新地实现了特种车辆（救护车、警车、消

防车等）优先调度。例如，一旦急救中心接到紧急电话，城市大脑能够根据当前的交通流量数据进行实时计算，自动规划出救护车最优的行车路径，并减少对其他交通的影响。结果显示，在不闯红灯的前提下，救护车到达救护现场的时间将节约 50%（约 7 分钟），大大增加了救治成功的可能性。

此外，城市大脑还与政务云结合，打通跨部门的数据，给整个浙江省带来"最多跑一次"等政府网上服务项目，改"百姓跑腿"为"数据跑腿"，做到了避免重复提交办事材料，实现了就近能办、同城通办、异地可办、多渠道"一网"通办，形成了方便快捷、公平普惠、优质高效的政务服务信息体系，大大提高了群众的民生服务幸福感。

下一阶段，城市大脑的目标是高效利用道路资源，让每个城市都取消车辆限行。此外，中国每个城市目前大概要拿出 20%～25% 的土地来修路，但经过城市大脑的努力，可以帮助城市省下 5% 的土地资源，这将为社会提供一笔巨大的财富，也会开启巨大的市场。

无锡："城市云脑计划"

2017 年 9 月 9 日，在无锡鸿山物联网小镇发布会上，无锡高新区发布了《城市云脑计划白皮书》，该计划的全面实施将为未来城市的管理与发展探索新路径。"城市云脑计划"旨在组织人与人、人与物、物与物进行社会化的沟通交互和分工协作，实现对城市政务、民生、产业等事务的自主感知、全面处理、智能分析和精准执行，推动城镇智能不断成长。

城市云脑以物联网赋感、以大数据赋知、以云计算赋思、以价值观赋神（图5.8），具备独立思考、持续发育、不断进化的能力，是融合"云物移大智"等先进信息技术，通过模拟人脑的行为构建而成的新型智慧城市的中枢系统。

"城市云脑计划"在城市云脑的设计理念、总体架构、

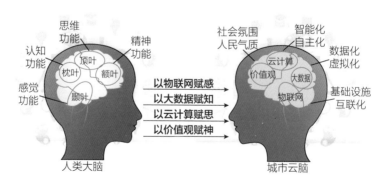

图 5.8　城市云脑"四赋"模型

实施阶段、政府保障等方面都做了详细的阐述。此外，计划还列举了电子政务平台、城市管控、居民服务、教育、医疗、交通、金融、体育、旅游等多个场景的具体应用，从而显示出城市云脑在提升政府治理现代化水平、服务社会民生和促进企业发展等方面具有的无限潜力。

"城市云脑计划"以鸿山物联网小镇为试点先行先试，布局智慧数据系统，建设下一代高效、清洁和具有弹性的小镇未来数据中心、指挥统筹中心，形成一个能流通数据、产生价值的"脑"。

重庆："云端计划"

2011年4月初，两江国际云计算中心在重庆两江新区开建。重庆发展云计算产业的"云端计划"正式启动，计划在三年内，重庆基本建成中国最大的离岸和在岸数据处理中心。

该计划注重"云"和"端"两个方面："云"方面，重庆将云计算、大数据作为十大战略性新兴产业重点培育，已引进以浪潮集团为代表的多家国内外重要企业赴渝建设云计算大数据中心，开展数据开发、软件研发应用；"端"方面，按照产业集群发展模式，建成国内重要的笔记本电脑、手机等智能终端产品生产基地，以及芯片、液晶面板等核心零部件制造基地。

2014年9月21日，在重庆市市长国际经济顾问团会议第九届年会闭幕新闻发布会上，时任市长黄奇帆表示，重庆该年度已签约80万台服务器建设协议，30万台服务器已开工建设。同时，重庆市仅依靠"云端计划"就已经催生出5000亿元左右的产值，此后还将进一步发展。

2016年11月2日，重庆浪潮云计算中心揭牌，位于两江新区水土国际云计算产业园，具备15万台服务器的运营支撑能力，可为客户提供面向各类应用的IT支撑服务，是浪潮集团云服务战略七大核心节点之一。同时，浪潮集团还设立浪潮学院，助推两江新区大数据、云计算产业聚集发展。

按照重庆互联网学院的规划，2020年全年培训学员10万人次以上，为重庆进军互联网产业储备了更多"后备军"。

成都："商业云计算中心"

2009年12月，国内首家商业运营的规模化云计算中心——成都云计算中心正式开机并投入运行，该中心由曙光集团下属成都超级计算中心有限公司与成都市政府联合打造。成都云计算中心定位为国内顶级的超级计算服务中心和云计算服务中心，是成都地区综合性的高端计算服务平台，是成都市数字城市的基础设施，是成都市科技能力的重要体现。同时，成都云计算中心依托中国科学院计算机技术研究所和曙光集团的优势资源，在国内率先将超级计算技术用于支撑云计算服务，并采用了"政府指导、企业投资建设和运营"的全新模式，具有里程碑式意义，标志着超级计算在国内的发展进入一个新的阶段。

成都云计算中心引进了业界领先的曙光5000超级计算机系统作为云计算服务后端支撑平台，一期建设规模达到30万亿次/秒，并于两年左右扩展至200万亿次/秒。成都云计算中心建设4个基础平台：电子政务云服务平台、公共计算服务平台、企业创新服务平台及物联网数据处理平台。

成都的云计算中心在为本地科学计算提供服务的同时，还将为成都市政府的电子政务提供10万亿次的服务，加快成都信息化建设的速度，提高政府办公效率，建立更加有效、快速的政府与公众之间相互交流的渠道，为公众与政府部门实时、双向的沟通提供方便。此外，成都云计算中心常态化运营后，城市管理类项目最先用上了云服务，如成都市社会信用系统、流动人口服务及综合管理信息系统、成都市残疾人综合信息管理系统，成都市电梯安全监管系统、食品安全溯源系统、成都市 GIS 云公共服务平台也先后上线运行。截至 2016 年年底，成都云计算中心在线运行项目达到 206 项，覆盖面极广。

第六章
云未来

　　随着互联网联网设备越来越多，我们正进入一个
"人-机-物"融合、万物互联的时代，如何对各种网络
资源进行有效的管理，如何应对各种各样的应用需求，
使应用支撑和资源之间能够更好地沟通，是未来云计算
技术需要着重解决的问题。

　　未来云计算的发展趋势可以用五个字来概括："四化
一提升"，其中"四化"指资源泛在化、计算边缘化、应
用领域化和系统平台化，"一提升"指服务质量的提升。

　　尽管云计算有很多优点，但由于其出现时间尚短，
技术发展还不够成熟，意味着迄今为止云计算中依然存
在一些尚未解决的缺陷，如何优化这些缺陷必将成为未
来阶段的挑战。

资源泛在化

在未来"人-机-物"融合的世界里，计算资源广泛多样，需要充分发挥各种资源的能力。在移动互联网的驱动下，云和智能终端开始融合——云端融合，未来还会涉及物联网节点的融合。新的云端融合的云计算体系架构正在形成，简单地侧重使用某一端资源的行为已经不再适用。按需，即动态可变地使用客户端和服务器资源，是云计算架构发展的又一新趋势。

从资源管理的角度看，较为理想的云端融合指以云计算和智能终端为主体的互联网上的存量和新增的资源均可以被任意（授权的）软件使用。一方面，客户端和服务端的软件、硬件资源和能源可以在两端实现合理分布和应用，两端的数据和独特资源也可以实现共享；另一方面，未来的云不仅需要支撑现在移动互联网的智能手机和平板电脑等终端，还需要支撑物联网所承载的各种各样的联网设备。在这样一个泛在化的网络环境下，面向各种海量新硬件的云资源管理将会面临很大的挑战。

除了云端融合，未来还会有越来越多的新型硬件进入云平台。在服务器硬件方面，RDMA、NVM 等新型硬件设备开始进入应用，如 3D XPoint 非易失性内存技术相比于基于 NAND 技术的非易失性内存降低为原 1/1000 的延迟和指数级的持久性提升，MS Azure 推出支持 RDMA 的高性能虚拟机；机器学习、数据挖掘等专用计算架构也开始出现，各种类脑 / 神经网络 / 深度学习专用芯片开始上市，如 IBM 的"真北"（TrueNorth）芯片。如何及时地有效管理和利用新的硬件设备和硬件架构，充分发挥其效能，是云管理平台的一项重要任务。在终端硬件方面，新型传感器设备种类繁多且数量巨大，从摄像头到 GPS 定位，从监测血压、测量海拔高度到光陀螺仪等，如此海量的传感器能否在云平台上实现统一管理，这也是新型云平台将面临的挑战。

在资源泛在化的背景下，云计算还呈现出多尺度和差异化的现象，公共云、私有云、混合云并存；既有少量规模庞大的大型云，更有大量的利用已有资源的微型云；有实体云，还有基于实体云的虚拟云、联盟云。未来跨云计算的需求也将越来越突出，如何跨越多云为应用提供服务，实现多云之间的开放协作和深度合作，也是资源泛在化背景下的一个重要课题。

　　针对多云协作的问题，我国学术界和产业界共同提出的新的云计算模式——云际计算——以云服务实体之间开放协作作为基础，通过多方云资源深度融合，方便用户和开发者通过"软件定义"的方式去定制云服务、创造云价值，力求实现服务无边界、云间有协作、资源易共享、价值可转换的云计算愿景。云际计算是下一代云计算研究的一个代表性尝试。

计算边缘化

　　随着智能终端设备在全球全面普及，在不远的未来，物联网将覆盖地球上的每一个角落，那时每时每刻都会产生海量数据。如何高效处理大数据也使得计算边缘化迅速成为云计算的一个重要发展趋势。

计算边缘化的发展趋势可总结为从云计算到雾计算，再到当下异常火热的边缘计算（edge computing）。相对于飘浮在天空、遥不可及的云计算（云端服务器通过集中式管理），雾计算可以简单地理解为本地化的云计算，其通过分散式的设备组成，例如，每个路由交换机、Wi-Fi信号发射器等设备都可以随时随地进行云计算，如同迷雾一般无处不在，贴近地面，就在你我身边，我们可以更快地感知其存在——响应服务时延更低。

如果将雾计算的处理端再进一步，直接通过数据源来处理数据，就演化为边缘计算。边缘计算也是一种分散式运算的架构，将应用程序、数据资料与服务的运算，由网络中心节点移往网络逻辑上的边缘节点处理。传统云计算与边缘计算区别明显（图6.1）。边缘计算将原本完全由中心节点处理的大型服务加以分解，切割成更小与更容易管理的部分，分散到边缘节点去处理。边缘节点更接近用户终端装置，可以加快资料的处理与传送速度，减少延迟，满足用户在实时业务、应用智能、安全与隐私保护等方面的基本需求。在这种架构下，资料的分析与知识的产生更接近于数据资料的来源，因此更适合处理大数据。

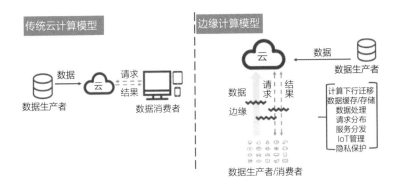

图 6.1　传统云计算模型与边缘计算模型

　　计算边缘化的显著特点之一就是去中心化——相对于传统云计算集中式的大数据处理，边缘计算更加注重边缘式大数据处理。这表明数据不用再通过烦琐的步骤先传输到遥远的云端，处理之后再将结果反馈，而是直接通过数据收集的边缘设备进行即时处理，这种方式极大程度地减少了设备在收集数据和获得结果之间产生的服务时延，优化了用户体验。那时，每个人的每台终端设备都相当于一台完整的云端服务器。但是，计算边缘化并不意味着完全和中心云端服务器断绝联系，在云端，仍然可以随时访问边缘计算的历史数据。

计算边缘化的产生对于缓解未来网络流量压力、节约中心服务器能耗、减排等方面都会产生较为积极的影响，可为构建绿色网络产生一定的启示作用。不仅如此，边缘计算也从根本上规避了数据在传输过程中造成的安全问题，为未来云计算的隐私、安全问题加上一把牢固的锁。

应用领域化

应用领域化指面向各个领域、各种应用需求的领域云、行业云等将会不断出现，这将催生更多为特定功能、特殊需求而量身打造的云服务，例如，支持电力的云、支持医疗的云、支持交通的云等。

随着云计算底层支撑技术的日益成熟，云计算的关注重点将转移到对上层应用的支撑。面向特定领域需求，提供支撑应用开发、运行的 API、解决方案及其一体化环境，以支撑更多云应用，这是云计算发展面临的新挑战。可以预期，领域云、行业云等专用云平台将具有广阔的空间。

应用领域化的一个重要技术是具备云感知能力的软件服务。早期的信息系统是紧耦合一体化的，应用自我建设、自我包含，业务处理功能难以分割；软件即服务概念的提出催生了 SOA（面向服务架构）体系，用于实现松耦合的分布式应用，应用建设依赖于互联网上的"粗粒度"服务，业务处理功能分散存在于互联网上。

而云计算的新发展正在催生 SaaS 2.0：在 SaaS 1.0 阶段，更多地强调由服务供应商本身提供全部应用内容与功能，应用内容与功能的来源是单一的；而在 SaaS 2.0 阶段，服务供应商在提供自身核心 SaaS 应用的同时，还向各类开发合作伙伴、行业合作伙伴开放一套具备强大定制能力的快速应用定制平台，使这些合作伙伴能够利用平台迅速配置出特定领域、特定行业的 SaaS 应用，与服务运营商本身的 SaaS 应用无缝集成，并通过服务运营商的门户平台、销售渠道提供给最终企业用户使用，共同分享收益。在 SaaS 2.0 中，各种服务应用充分利用云提供的API，基于云所提供的服务或微服务进行构建，服务应用运行在云中，同时感知云环境中各种资源的变化，提供优化的服务质量。

系统平台化

　　云计算的另一个重要趋势是系统平台化，云计算支撑系统呈现出从云资源管理系统向云操作系统演化的趋势。虽然"云操作系统"的概念用得比较多，但均没有达到预期的操作系统的形态和能力。什么是操作系统？可简单理解为向下管理资源，向上提供服务。例如，单机操作系统基本由两大功能构成：管理资源和管理作业。目前，云管理系统的主要作用是管理云的资源，以支撑各种应用的运行。未来云操作系统除了要管理云资源，还要管理云上各种各样的作业，其理念和单机操作系统相似，是系统平台化之路共性不断凝练和沉淀的结果。相比于计算机发展初期应用直接运行于硬件构成的物理机之上，操作系统的出现实际上是为应用提供了一台"软件定义"的计算机，应用运行在操作系统之上；到了网络时代，应用开始运行在中间件和相应的应用框架之上。云管理系统的共性理念是什么？我们的理解是：应包含云操作系统、单机操作系统、各种各样的应用容器和中间件，以支撑各类云服务。要实现真正意义上的云操作系统，需要向下管理所有云端和终端的资源，向上对多样化的资源应用需求提供相应的 API 服务。

云操作系统的发展面临着哪些挑战？在现阶段，需要应对复杂多样的应用需求，将传统应用无缝云化，需要支持基于互联网的多终端一体交互方式，以及云内海量异构资源的有效管理等。更进一步则需要更好地向上支撑应用，探索原生云应用的运行与构造技术，研究开发新型程序设计模型和相关的编程语言，设计云作业的统一调度和管理机制，进行跨云和云际资源的按需整合，实现云服务的自主协同等。

在整个云资源的管理与定制方面，软件定义是一个重要的途径，通过软件定义方式可以完成深度定制，以管理各种各样的资源，包括：分布式资源的高效融合、巨量资源弹性调配、极端硬件特性和移动硬件特性的虚拟化、集约化的资源便捷共享、可定制化的系统软件栈、终端和云端的融合协作等，为从微型虚拟机、小型虚拟机到满足更大需求的巨型虚拟机提供宽谱系的管理支撑。

服务质量的提升

    服务质量的提升可以用三个词概括——更高、更快、更强壮。其中，"高"意味着支持高吞吐，需要聚合大规模资源，提供海量数据的处理能力，实现高吞吐并发访问。支持高吞吐是很多云应用的需求，例如，淘宝每年"双十一"的巨量交易、12306网站高峰时的巨量访问，以及其他各种各样的面向大规模社交数据的跨地域分布式存储系统等，都对高吞吐有很大的需求。

    在高吞吐的前提下还要实现"快"响应，也就是在提供高吞吐的同时显著降低请求的响应时间，提升用户体验与服务质量。这方面的需求在现实中也很多，据亚马逊统计，每降低100毫秒延迟可以换来1%销售额的提高；阿卡迈研究指出，网页加载延迟1秒平均将导致7%的客户流失，减少11%的网页访问量和16%的客户满意度；增强/虚拟现实（AR/VR）需要在1毫秒内完成场景的构建；

等等。基于云的大量应用形态能否获得成功或提供更高的使用质量，实现快响应是其中的关键。要实现快响应，云架构和软件栈的低延迟设计就尤为重要。云计算应用的延迟主要包括两个方面：一是网络带来的延迟，二是云中心带来的延迟。按当前统计来看，二者大约各占50%。应对网络带来的延迟涉及带宽的提升，需要数据中心的合理分布，以便用户尽可能访问就近的数据中心；应对云中心带来的延迟则需要对基于分层的云计算软件栈进行垂直整合，当前云软件栈主要面对高吞吐设计，在低延迟尤其尾部延迟方面有明显不足，因此技术上还有很大的发展空间。

更"强壮"体现在更好的可靠和可用性保障。云计算的规模和复杂度的快速增长要求更为全面的质量保证：一方面，数据中心规模不断增长，规模部署成为事实，高度集成的云计算环境故障越来越多，故障带来的损失也越来越大；另一方面，虚拟化构成的弹性资源池快速增长、组织复杂，增加了管理的复杂度；再一方面，越来越多的机构计划采用云计算平台，持续发展的业务种类导致了需求多样性。在这种情况下，如何实现高可靠和高可用的云计算系统成为一个重大的挑战，当前已有各种技术研发和尝试，诸如采用非易失性内存来提升内存计算中数据的可靠性和可用性、使用分布式

UPS 替代传统集中式 UPS 以保证电源供给、在系统级支持虚拟机／容器的状态同步和动态迁移，以及在应用层次上的数据并行计算和图并行计算系统及机制等。

云挑战

世界上不存在完美的技术，任何技术有其利必有其弊。由于云计算从兴起到繁荣仅仅经过了十余年，其技术的发展并没有完全成熟，至今仍然存在一些尚未解决的技术挑战。

尽管本书在第四章中总结了云计算技术的优势，但是，云计算的大部分优势都是相对于传统计算才算的优势。事实上，无论是这些优势本身，还是云计算的一些其他方面，或多或少都存在一些缺陷。这些缺陷，既使得云服务商不能更高效地管理云平台，又造成用户不能获得更好的云服务。在未来阶段，如何解决这些缺陷是云发展中至关重要的技术挑战。云计算中存在的技术挑战及其影响大致可分为八点。

可靠性、稳定性还远远不够

云服务可靠性和稳定性的问题主要体现在以下两个方面：一是云服务在高峰时段，满负荷、断电等问题所带来的服务不可靠；二是用户没有持续的网络连接导致的服务不稳定。

首先，从服务商的角度来看，在高峰时段，云服务器往往是满负荷的，这会导致服务器可使用的性能大打折扣。这虽然可以通过采取一些有效的措施防止，但不可能完全杜绝，毕竟没有哪一家云服务供应商敢承诺自己的云服务的可靠性是100%。如今，云服务的可靠性通常以"四个九"的指标来衡量，即99.99%可靠，这意味着一年里可能有大约1.09小时发生故障。但一旦发生故障，对企业、用户带来的损失将不可估计，也无法挽回。此外，云计算的服务器大多采取集中式管理，空调制冷、持续供电等问题都有可能引起服务器故障，这都是可靠性现存的问题。

其次，从用户角度来看，如果没有持续的网络连接能力，即脱机环境下，用户想访问云服务是不可能的。云计算的服务器可能分布在世界各地，用户只能通过互联网来存储、访问应用程序和文件。如果互联网连接中断，意味着云端应用程序无法工作，也意味着用户无法访问云端。因此，在互联网联网访问速度慢或连接不稳定的区域，如何保持持续、稳定的云服务是一个值得注意的问题。

存在隐私、安全等问题

无论对于企业还是个人而言，隐私保护、数据安全都是极为重要的硬性需求，即便是和效率、扩展性、灵活性等需求进行比较。

当下，用户的数据统一存放在云端，服务商能够获得云端的每一条数据。但随着大数据时代的到来，海量数据的处理、分析不再是难事。而这带来的潜在危险就是，通过海量数据中的特征去定位用户也变得容易，即数据不能做到完全的匿名化来保护隐私。

另外，用户在互联网世界受到黑客攻击简直是家常便饭。对于用户而言，如何保证数据不被其他人恶意泄露和利用是很大的安全问题。当前，不仅有很多数据公司倒卖用户的数据，也发生过很多云端被攻击导致用户数据外泄的事件。这似乎都是在对云服务供应商、用户敲响警钟，提醒他们云端其实并没有想象之中那么无懈可击，数据随时都有被其他人利用的风险。当下唯一的解决办法就是不将具备竞争优势或包含用户敏感信息的数据放在公共云上，亚马逊、谷歌、微软等公司都是这样做的，尽管这并不能保证万无一失的安全性。除此之外，用户间的数据隔离也是一个重要的安全性问题，必须保证数据之间不会造成相互干扰。

"先行者"对标准化态度不积极

如果用户没有将业务绑定在一个数据中心或云端，当他进行多云之间数据维护、应用版本同步，或者云云之间业务迁移、互操作时，最理想的情况应该是存在一种方法，能够将多个云的数据中心抽象为一个相同的数据中心，使得各云之间的操作都相同。这种方法被称为标准化，它能有效降低各云之间应用、操作的复杂度。

标准化的实现能够减少版本兼容性带来的问题。由于开发应用的环境千变万化，云服务不可能提供所有的平台环境来支持所有应用，只能提供软件的主流版本供用户搭建开发环境。如果开发环境与平台环境不一致，则很有可能导致兼容性问题，影响应用的运行。标准化正是解决这一问题的有效手段，通过统一开发环境的标准可减少兼容性问题。

标准化还是维护云市场秩序、避免业务垄断和用户锁定的重要基础。各云服务企业提供的版本库也有可能大不相同。云间的业务迁移需要在提供同类云计算业务的供应商之间定义标准化的业务、资源、数据描述方式，这也产生了大量的标准需求。如果云服务供应商不对外公开其标准化接口，则会造成业务垄断，导致用户只能使用该企业的云服务，这阻碍了云计算市场"公平竞争"的原则，极不利于新兴云计算公司的发展。

然而，一些云计算的"先行者"最初对于标准化的态度并不积极。2009 年 3 月底，由 IBM 公司发起，包括 IBM、EMC、思科、红帽、VMware 等在信息业内知名的数十家企业和组织，共同签署了一份《开放云计算宣言》，为开放云计算制定若干原则，以保证未来云计算的互操作性。但该宣言却受到了微软、亚马逊、谷歌、Salesforce 等云计算"先行者"的抵制，这些公司都拒绝签署该宣言。正是由于每个企业的企业文化、利益驱使不同，导致标准化迟迟不能实现。

按流量收费会超出预算，实际总成本不可估计

虽然推出云产品时，云服务供应商会大力宣传其按需使用、按流量付费等特点，但是这将不可避免地带来两个潜在的问题。

一是大部分云服务的价格普遍偏高，并且目前还没有降低的趋势，这样对某些企业会起到相反的效果——往往导致其支付更多的费用。当下，很多大型企业每天产生的数据量都已达到 TB 级别，如果这些数据全部放在云端读取、处理，那么所需的计算能力会是异常庞大的。这也直接导致了承包企业的成本预算不容小觑，甚至有可能超过购买基础设施的一次性费用。

二是即使存在小部分云服务的价格能够被大众所接受，但是随着时间的推移，实际总成本也会变得不可估计。由于基础设施并不属于承包企业自身，企业只能通过持续付费来获取相应的服务，因此云服务往往只能作为企业发展的一个阶段性、临时性的计划，而不能作为长久的发展之计。

技术至今还不够成熟

云计算技术至今仍然没有完全成熟，没有发展到最佳状态，诸多性能上的问题还有待加强。例如，在未来阶段，更高的可用性、更快的可伸缩性和更强的性能等方面的研究是云计算的重要挑战之一。

可用性类似可靠性，指在一段时间内，云服务正常提供服务的时间占总时间的比重。当下，为了更高的可用性，服务供应商正在研究常见故障的分析及预测模型。基于这些情况的研究，云服务商希望能够预测到可能出现的可用性问题，并通过提前备份、提前解决故障、通知用户等手段来避免或减少这些故障的发生。

具有可伸缩性的云服务，当云端负载发生变化时，能够通过增加或减少计算资源来保持性能一致。关于可伸缩性的研究主要涉及两方面：垂直伸缩和水平伸缩——垂直伸缩是通过调整单个虚拟机的计算资源来保持性能；水平伸缩则是增加或减少虚拟机的总数。更快的可伸缩性指必须保证实时性，即尽可能短的响应时间，负载一旦发生变化，立即对云服务进行调整。

此外，云服务还需要尽量减小虚拟化问题带来的性能开销。目前流行的半虚拟化系统中，如 Xen 和 VMware ESX，虚拟机管理系统虽然只会带来少量的额外 CPU 开销，但内存和 I/O 的性能开销比较严重。对于现在的虚拟化技术来说，原有的 CPU 密集型的应用能够比较好地迁移到虚拟化平台，而原有的内存或 I/O 密集型应用，如数据库，就会遇到较大的麻烦。

法律不统一、不健全

云计算的服务器往往具有跨地域性，这意味着服务器可能分布在不同地区，甚至是不同国家。由于各个国家的法律法规各有不同，并不存在一套令全球政府都满意的通法。因此，当跨国合作时，如果国与国之间关于云计算的法律有冲突，遵循哪个国家的法律是一个必须要考虑的问题。

对于网络安全这一部分，由于涉及的细节问题太多，法律往往不能完全覆盖。这很有可能导致部分企业、个人打法律的擦边球，在一些法律未曾涉及的区域损害他人的利益，或为自己谋取更多的利润，例如，第三方数据公司进行用户数据倒卖。此外，由于虚拟化等技术引起的用户间物理界限模糊可能导致的司法取证问题也不容忽视。这些现存的问题都说明，如何在法律上限制云计算以保证云计算不被不法之徒利用，注定也是云计算在未来发展中的重点。

企业的自主权降低

在云计算领域中，企业自主权一直以来都是一个有争议的话题。出于知识产权、数据安全、隐私保护等问题的考虑，每个企业都希望能够对自身业务完全管理和控制。在传统计算模式中，企业可以搭建自己的基础架构，每层应用都可以进行定制化的配置和管理；至于公共云平台，企业不需要担心基础架构，也不需要担心诸如安全、容错等方面的问题，这些问题的维护都将转交给云服务供应商。这似乎是一件好事，但也让企业感到了担忧，毕竟曾经熟悉的业务流程突然变成了一个黑盒——企业自主权受到极大限制，不能再按照自身需求去定制应用与业务。当然，众多云服务供应商也都推出了一些方案进行补救，但这个问题依然没得到根本性的解决。

环保问题尚未解决

不可否认，相对于传统技术，云计算确实起到了环境保护的作用。但即使如此，云服务还是会消耗大量能源（水、电等），并排放出巨量的二氧化碳。在云服务的数据中心中，除必备的服务器外，还需要配有照明设备、后备电源、制冷空调等设备——保证检修、供电和散热正常，以避免服务中断，但是这却要消耗大量的水电能源，直接后果就是导致了大量碳排放。

随着数字化社会不断推进，全球出现越来越多的数据中心，而 IT 能源消耗增长速度也越来越惊人，年增幅为 8%～10%，远大于全球平均能耗 2% 的增长率。当前全球 IT 业碳排放量已经占到全球碳排放总量的 3%～5%。此外，信息和通信技术的总耗电量大约占全球耗电总量的 8%，其中清洁能源占比较少。例如，美国互联网巨头亚马逊公司被绿色和平组织称为"最肮脏"的云计算服务厂商之一，在其名下的 AWS 的能耗中，清洁能源只占 15%，其余来自煤炭、核电和天然气。为了未来的可持续发展道路，构建绿色网络刻不容缓，其核心内容就是降低能源消耗及碳排放量。

第七章
云机遇

对于国内云计算市场而言，云时代无疑是一个充满挑战与机遇的时代。挑战本身不失为一种机遇，如何把握机遇则是当下最值得关注的挑战。

本章主要内容分为两个部分：

前两小节首先论证引出国内云计算市场处于发展阶段；总结国内云计算在发展阶段面临的挑战；叙述如何将这些挑战转化为发展所需的机遇。

第三小节论述为了迎接云时代中的机遇，国内产学研机构在云计算发展过程中所需要的部署规划。

挑战与机遇并存

高德纳咨询公司发布的预测数据显示，全球公有云服务市场将从 2018 年的 1824 亿美元增至 2022 年的 3311 亿美元，增长率高达 82%。其中，IaaS 拥有最快增幅，在 2022 年预计达到 766 亿美元。同时，高德纳咨询公司的预测数据还显示，全球公共云市场正在整体进入平稳期，2019 年之后的增长率将会下降直到趋于平缓（表 7.1）。

中国的云计算市场才刚刚起步，正处于发展期，其特点为发展速度快，但距离稳定期还需数年。从 IDC 数据来看，2016 年中国云计算整体市场达到 523 亿元，比 2015 年增长 38.3%。其中公共云市场约 165 亿元，增长率为

161%，但只占据世界公共云市场的 7.9%。这表明国内云计算未来的发展空间非常大，具有很强的潜力。

表 7.1 高德纳咨询公司全球公共云服务预测（单位：十亿美元）

项　目	2018 年	2019 年	2020 年	2021 年	2022 年
BPaaS（云业务流程服务）	45.8	49.3	53.1	57.0	61.1
PaaS	15.6	19.0	23.0	27.5	31.8
SaaS	80.0	94.8	110.5	126.7	143.7
云管理与安全服务	10.5	12.2	14.1	16.0	17.9
IaaS	30.5	38.9	49.1	61.9	76.6
市场总计	182.4	214.2	249.8	289.1	331.1

尽管潜力巨大，但由于国内云市场正处于发展阶段，存在的挑战也是来自各方面的。例如，第六章介绍的云计算技术八大挑战，出于对云计算安全性、可靠性和可迁移性等的顾虑，导致整个市场需求尚未完全释放。此外，我国云计算产业还面临着诸多发展中的问题与挑战，例如：

国内产业规模小，技术产品服务仍须提高。我国在全球公共云市场份额占比不到 8%，一定程度上表明我国云计算企业的服务能力规模普遍较小，提供的服务和种类有限，国内云计算产业总体能力与国际水平相比还有一定差距。

　　新兴技术应用的落地速度慢。如今，大多数公司都已经认识到云计算服务的价值，SaaS、PaaS 和 IaaS 等服务也逐渐得到人们的认可，其应用也正在不断渗入各行各业的生产环境中。但随着各行各业使用云计算的力度不断加大，有些行业不再满足于传统的 SaaS、PaaS 和 IaaS 产品，他们更希望云服务商能够帮助他们跟上技术变革的步伐，提供更加定制化的服务或解决方案。

　　云计算生态圈还有待完善。目前，几乎国内所有的云计算巨头，不管是阿里云还是腾讯云，抑或是百度云、华为云等都积极建设自身的云计算生态圈。这也给这些云服务商提出了新的挑战，如何在保障自身利益的同时，为更多的生态伙伴带来更大的价值，将是云生态圈建设的关键。秉承开放、合作、共赢的心态和做法将成为云计算行业的主流。

　　与这些挑战一同到来的是在发展中谋得市场先机的机遇。尽管有些挑战是云服务本身难以避免的，但都可以通过技术、法律等手段来不断优化与完善。这也将为国家的企业、科研、教育等行业发展云计算提供前所未有的机遇。如何攻克、解决这些挑战是世界各个发展云计算的国家都必须研究的问题——因为这些挑战应对解决技术一旦产生，在推动世界云计算发展的同时，国家本身也将获得更多的知识产权，使国家在云计算发展中占据更多的主导地位。

如今国内的云计算市场正处于一个挑战与机遇并存的时代：企业想要抓住机遇必须勇于迎接挑战，不断创新，才能在云时代众多企业中脱颖而出；国家必须敢于迎接挑战才有机遇，勇于开拓科技强国未涉及的领域，在国际中才有一席之地。

云时代的机遇

云计算经过多年的技术经验积累和不断探索发展后，已成为全球信息产业发展的主流。当下，云计算带来的不仅仅是技术上的变革，也催生出许多新的商业模式，更为当下最热门的新兴技术提供高效的解决途径，为信息产业发展和各行业应用带来了前所未有的机遇，重塑着经济发展与商业竞争的新格局。无论对于中国政府、企业，或是个人，云时代都必将是一个充满机遇的时代。

面对发展阶段的诸多问题与挑战，我国政府与企业都应当且必须把握住以下四点机遇。

机遇一：云计算技术本身带来的机遇

单从云计算技术本身来讲主要有两点：云挑战带来的机遇，企业传统业务数据化转型带来的机遇。

首先，云计算尚未解决八大挑战，这些云挑战的存在，既使云服务商不能更高效地管理云平台，又造成用户不能获得更好的云服务。从本质上讲，这些挑战部分来自管理层面，如法律、企业自主权等，其余部分则是要求对云计算技术本身进行的一些优化，如安全性、节能性、多云融合等问题。这些挑战会给产业界乃至学术界带来全新的机遇：对于产业界，高效、合规、可靠的云服务往往能在产品竞争中掌握先机；对于学术界，更优的研究成果或解决方案，既能投入业界实践落地，更能使其本身成为该领域的学术龙头，在未来的研究中先人一步，进而加速世界云计算的发展。

其次，随着企业的规模慢慢变大，传统业务已逐渐不能满足企业客户的需求，迫使企业必须走向更加动态、更加灵活的 IT 服务趋势。同时，市场、企业的发展与需求瞬息万变，这导致企业持续面临新的挑战，如海量数据存储、分析与 IT 信息解决方案等。而云计算弹性服务、按需付费等特点及云服务供应商所能提供的一些特定场景的解决方案，无疑可以帮助传统企业快速应对这些影响和变化，实现向数字化业务的转型。因此，面对传统业务即将来临的挑战，云计算是企业在转型中必须要把握的机遇。

毫无疑问，未来市场必将由云计算主导，各行各业都必将使用云计算技术来实现数字化转型。如果企业不把握云计算技术所带来的机遇，即快速利用云计算技术实现业务的转型，那么将丧失在速度和灵活性等方面升级的能力，也就意味着将进一步错失市场商机，逐渐被未来市场淘汰。反之，企业若能快速完成数字化转型，则能进一步适应未来市场，从而快速抢占未来市场的先机与有利位置。对于企业来说，云计算技术本身毫无疑问既是挑战也是机遇。

机遇二：国内云计算发展特有的机遇

本书总结了我国云计算的四个特点：①我国拥有世界上最多的网民，以及最多的网购消费者，且增长率很高。②我国拥有全世界最好的蜂窝网络，信号覆盖全国面积的95%。③我国拥有世界上最大、最多的突发请求的超级应用。④我国在移动网络、行业数字化（如物联网、边缘计算等）、电子游戏、网络贸易等方面有着最快的创新能力。

正因如此，中国的云计算与其他国家有很大不同，这要求我国云计算未来的发展方向应当面向超级应用、深度集成／优化、高度可扩展的基础设施，为我国企业、教育、科研等行业发展云计算提供了明确的方向与机遇。同时，由于网民人数众多，在解决超级应用的突发请求的问题上，我国具体的应用场景在世界上都是特殊的。例如，淘宝、微信等应用程序每天为数亿人提供服务。由于需要这些应用程序无与伦比的并发性，因此不能通过简单地重用OpenStack等开放源代码云栈来完成云基础架构。为此，阿里巴巴、腾讯等供应商倾向于构建自己的基础架构，并对其超级应用程序进行大量优化。该解决方案在企业环境的背景下成功落地，将工业环境下如何应对突发请求的研究推向新的高度。

近年来，我国政府一直高度重视云计算产业的发展，不仅将云计算列为新一代信息产业的重点发展领域，还推出了一系列规划和政策措施并予以支持，包括加快云计算技术研发的产业化，组织开展云计算应用试点示范，着力完善产业发展环境。这不仅给予产学研等领域在政策与资金上的大力支持，也为其提供了更好的发展环境，从而促进了业界的合作与竞争。各行各业若能成功把握这一机会，无疑能够掌握未来云计算发展的风向标，从而快速在发展中建立优势。

机遇三：新兴技术带来的机遇

云计算正在不断地催生出大量的新兴技术。云计算作为底层基础，还能为人工智能、边缘计算等新兴技术的数据处理与分析问题提供有效的解决方案。而云市场的共识是，未来云计算的研究重心将围绕人工智能、物联网、虚拟现实，以及区块链等新兴领域展开。这对云计算企业和新兴技术企业都提供了前所未有的机遇，即快速创新与应用落地。

目前，世界上的各大信息行业的巨头，不管是亚马逊还是微软、谷歌，抑或是国内的阿里巴巴、百度，都在技术的发展路径上遵循同一规律，即在深度布局云计算服务的同时，也积极涉足大数据、人工智能等新兴领域的探索与研究。

这些互联网巨头深知，新兴技术可以帮助他们提供全新产品、开拓全新市场、改善客户体验并获得更多的利润。由于技术创新与发展的高速度，他们必须要推动新兴技术的发展，而不是坐吃山空——等待新技术的发展而贻误战机。因此，所有的云服务商均发力于人工智能、物联网、虚拟现实和区块链等新技术服务，一方面满足更多的客户需求，另一方面则是希望通过新兴技术带来的机遇来抢占云市场发展的先机。

机遇四：云生态圈带来的机遇

数字化转型，作为当下各行各业发展与升级的必然趋势，虽然为云计算领域带来巨大的机遇，但数字化转型的需求并非某一两个厂商就能完全满足的。对于大型企业来说，他们需要的不仅是云服务供应商，更是深度合作的伙伴。

对于云计算厂商来说，如何构建庞大的云生态圈，既是满足行业数字化转型需求的必然选择，也是自身在云计算领域脱颖而出的关键。在面对细分行业的应用上，很多传统行业的解决方案供应商都拥有丰富的行业经验，这些经验能够快速帮助其实现数字化转型，云计算厂商通过借助于生态伙伴的解决方案往往能提供更好的服务。

不仅如此，就连云计算本身都是一个庞大的生态圈，从底层的 IaaS 到 PaaS 再到 SaaS，几乎没有一家企业能够覆盖整个云计算领域，通过与生态伙伴合作为用户提供更加完善的云计算服务，已经成为云计算行业发展的必然趋势。如何使得业务覆盖更多领域，建立更大的云计算生态圈，也是每个云计算厂商正在面临的机遇。

未来规划部署

国务院总理李克强在《2019年国务院政府工作报告》中指出未来发展阶段的诸多方面的工作总体部署，要求坚持创新引领发展，培育壮大新动能。发挥我国人力人才资源丰富、国内市场巨大等综合优势，改革创新科技研发和产业化应用机制，大力培育专业精神，促进新旧动能接续转换。其中，涉及云计算领域的主要包括以下几方面。

推动传统产业改造提升。强化质量基础支撑，推动标准与国际先进水平对接，提升产品和服务品质，让更多国内外用户选择中国制造、中国服务。

促进新兴产业加快发展。深化大数据、人工智能等研发应用，培育新一代信息技术、高端装备、生物医药、新能源汽车、新材料等新兴产业集群，壮大数字经济。坚持包容审慎监管，支持新业态新模式发展，促进平台经济、共享经济健康成长。加快在各行业各领域推进"互联网+"。持续推动网络提速降费。开展城市千兆宽带入户示范，改造提升远程教育、远程医疗网络，推动移动网络基站扩容升级，让用户切实感受到网速更快更稳定。

提升科技支撑能力。健全以企业为主体的产学研一体化创新机制。扩大国际创新合作。全面加强知识产权保护，健全知识产权侵权惩罚性赔偿制度，促进发明创造和转化运用。充分尊重和信任科研人员，赋予创新团队和领军人才更大的人财物支配权和技术路线决策权。我国有世界上最大规模的科技人才队伍，营造良好的科研生态，就一定能够迎来各类英才竞现、创新成果泉涌的生动局面。

多管齐下稳定和扩大就业。我们要以现代职业教育的大改革大发展，加快培养国家发展急需的各类技术技能人才，让青年凭借一技之长实现人生价值，让三百六十行人才荟萃、繁星璀璨。

以上，分别从不同角度对云计算进行规划部署：从产业角度，深化大数据、人工智能等研发应用，培育新兴产业集群，壮大数字经济；从科研角度，营造良好的科研生态，进而提升科研人员创新能力；从教育与就业角度，加大人才培养与储备的力度，促进各类人才的就业与发展。

产学研三方协同合作，发挥各自优势，形成强大的研究、开发、生产一体化的先进系统，并在运行过程中体现出综合优势。

政府出台的相关政策能够促进产学研三方的共同合作。相应的，产学研也应与政策相结合，快速实现繁荣发展。我们可以从以下四个角度来分析云计算在未来发展阶段的规划部署。

政策角度

在未来阶段，政府的规划部署可涉及以下内容：一方面，政府发布的政策为未来云计算的发展提供大体方向与保障措施；另一方面，由于近年来云端频频出现的安全问题，我国也须设定相关法律来保护云端安全和国家信息主权。

政策为云发展提供方向与保障

中国政府很早就意识到云计算是一个大的产业链，对整个信息产业的发展有重要作用。但云计算的发展是不可能单靠一家企业来完成的，必须由政府来主导和保障整个云计算产业健康有序的发展。

从云计算在国内兴起到现在，中国政府已经实行了不计其数的云计划。有些计划由国家提供资金，由学校与企业自由申请，以促进国家云计算的科研与产业化等方面的整体发展，如"863"计划、国家重点研发计划；有些计划通过在城市的应用实践落地来促进局部地区的发展，如祥云工程、云海计划等，或是使用云计算等新兴技术来构建智慧城市，实现城市交通等基础设施的智能化管理，如城市大脑计划、云脑计划等。

结果显示，这些云计划都取得了显著的效果，大大推动了我国云计算部分区域学术界及产业链的发展。由此可见，中国政府对于云计算的未来发展有着决定性的作用，政策的一举一动无时无刻不在影响着云计算各领域的发展，未来云计算的总体规划部署也必将由政府来进行主导。

2017 年发布的《云计算发展三年行动计划（2017—2019 年）》，对 2017—2019 年云计算的规划部署提出了五项重点任务：

一是技术增强行动。重点是建立云计算领域制造业创新中心，完善云计算标准体系，开展云服务能力测评，加强知识产权保护，夯实技术支撑能力。

二是产业发展行动。重点是建立云计算公共服务平台，支持软件企业向云计算加速转型，加大力度培育云计算骨干企业，建立产业生态体系。

三是应用促进行动。积极发展工业云服务，协同推进政务云应用，积极发展安全可靠的云计算解决方案。支持基于云计算的创新创业，促进中小企业发展。

四是安全保障行动。重点是完善云计算网络安全保障制度，推动云计算网络安全技术发展，积极培育云安全服务产业，增强安全保障能力。

五是环境优化行动。重点推进网络基础设施升级，完善云计算市场监管措施，落实数据中心布局指导意见。

关于政府对于云计算发展的保障措施，在行动计划中也提出了以下四点：

一是优化投资融资环境。借推动金融机构提供有针对性的产品服务，加大授信支持力度，简化办理流程，支持云计算企业拓展市场。

二是创新人才培养模式。加大高层次人才引进力度，鼓励部属高校加强相关学科建设，促进人才培养与企业需求相匹配。同时鼓励企业与高校联合开展人才实训。

三是加强产业品牌打造。支持云计算领域行业组织创新发展，加大对优秀云计算企业、产品、服务、应用案例以及产业园区、行业组织的宣传力度。

四是推进国际交流合作。结合"一带一路"倡议实施，推进建立多层次国际合作体系，支持骨干云计算企业加快海外布局，提高国际市场能力。

　　尽管政策能为云计算的发展提供基本方向与保障措施，但具体落实还是应当在各大企业、高校和研究机构中。

立法保护云计算与国家信息主权

　　云计算作为最前沿的技术创新，技术的变化往往比法律更迅速，这就使得法律文本中存在真空地带，让技术先行者以"技术无罪"的名义利用法律漏洞。

　　在这种环境下，还有可能会滋生安全隐患和网络攻击。目前，网络攻击的发生次数逐年增加，如 WannaCry ransomware、CIA Vault 7 黑客，以及 Equifax 数据泄露等攻击表明网络攻击已成为 21 世纪的一大问题。

　　技术带来的法律问题的解决途径，主要是政府和企业应共同为技术创新提供规范框架，使其有法可依。从短期来看，遵守各行业的各项关于云计算的规则不算太难。但随着时间发展，当各个行业领域都建立了自身的行业规则，一旦某项跨行业云服务需要遵守大量法律法规，难免规则之间会产生矛盾，这时就需要政府指定的统一法规进行协调。由此可见政府在立法过程中的重要地位，而行业必须与政府加强合作，以提高标准化程度。对于政府而言，由于通过云计算存储的数据信息将涉及国家信息主权，因此立法的重要程度也关系到国家信息主权的完整性，必将是未来规划部署中一个刻不容缓的问题。

教育角度

在产学研三方的共同协作中，教育是基础与根本。教育不仅为科研提供主力军，保持科研队伍的活力与合理结构，促进科研进入更高水平，还帮助企业培养人才，向企业输送人才，确保企业单位人力资源畅通。因此，想要源源不断地提供云计算产业链各环节中紧缺的人才，就必须要通过提高国内教育水平与教育能力来加大人才的培养与储备力度。

云计算技术当下的发展速度极快，这导致传统高校人才培养的体系结构面临新的挑战。总体来说，高校大学生应该在培养创新思维的同时，认清当前信息技术发展趋势，抓住发展机遇；高校不仅需要教学与实践相结合，还要密切关注相关专业领域的发展趋势和热点，及时调整课程体系，更新人才培养模式。具体而言，在未来阶段中，云计算人才培养与储备的规划部署主要为以下三点。

创新人才的培养

云计算作为虚拟化、分布式并行编程等多种技术的结合，其知识覆盖范围极广，且与其相关的技术创新发展极快。

因此，云计算相关专业的高校学生和企业职工，首先需要对与云计算相关的基础知识有深入、全面的学习和理解，有坚实的知识基础；其次还要能在学习的过程中，努力将自身打造成云计算领域的创新人才，即具有创新意识、创新精神、创新思维、创新知识、创新能力，以及良好的创新人格，能够通过自己的创造性劳动取得创新成果，在相关领域为社会发展和人类进步作出创新贡献的人才。

教学团队的建设

师资团队的建设是云计算人才培养的关键因素之一。云计算作为一门新兴的专业学科，对教师的知识结构和教学方式都提出了新的要求。目前，国内只有部分高校开设了云计算相关专业。

在师资团队建设上，教师要重视知识结构的完备性，从而保证学生能够在最短的时间里，快速掌握云计算的相关知识和技术，提高培养效果。在教学安排上，需要注重实践技能的应用性与市场联系的紧密性，通过"项目驱动、任务导向、案例教学"等多样、有效的形式来充分激发学生学习的主动性和积极性，培养学生的创新意识，进而打造创新人才。

课程体系的创新

在云计算人才培养的过程中，高校应当积极开展学科建设和教学模式上的创新。这意味着，一方面，需要在传统学科的结构上进行创新。由于云计算发展速度极快，高校应密切关注云计算领域的发展趋势，及时对热门学科和过时学科进行合理调整。另一方面，需要在云计算专业的教学模式上进行创新。让学生对专业未来具有明确的方向，在注重提高人才综合素质的同时，积极探索创新型人才的培养方案。

云计算作为一门实践性非常强的学科，教学还必须将理论与实际紧密结合，通过实践逐步完善专业培养的知识体系架构，重点加强学生对于知识的应用，培养学生的实践能力。

此外，我国云计算教育事业的发展还需要依托国家重大人才工程，加快培养引进一批高端、复合型云计算人才。鼓励部属高校加强云计算相关学科建设，结合产业发展，与企业共同制定人才培养目标，推广在校生实训制度，促进人才培养与企业需求相匹配。支持企业与高校联合开展在职人员培训，建立一批人才实训基地，加快培育成熟的云计算人才队伍。

科研角度

国家政策正在努力落实科研经费和项目管理制度改革，让科研人员不再为杂事琐事分心劳神。当下科研人员应当集中精力提升科技创新能力，向新兴技术进军。

近两三年，舆论对于云计算的探讨正在逐渐减少，而大数据、人工智能、云端融合等话题开始风靡一时，似乎在这些新兴技术的光芒下，云计算已黯然失色。但恰恰相反，云计算在这两年所表现出来的爆发力已经远超 IT 行业的其他细分领域，云计算与新兴领域结合的云应用也正在各个领域实践落地。

新兴技术的迅速发展无疑为科研机构提供了明确的研究方向。因此，科研机构必须缩短创新研究和落地的等待周期，加快世界云计算产业的发展速度。同时，科研机构还应加强专利申请、技术转让、知识产权保护等意识，研究出更具价值的知识产物。

在产学研三方的协作中，科研机构对云计算发展的意义在于：借助于国内外、行业内外的科研力量，拓宽云计算技术交流与合作研究的渠道和领域，促进云计算、大数据等关键技术快速落地，实现产学研良性互促、协同发展。

产业角度

无论是国外的亚马逊云、微软云，还是国内的阿里云、百度云等，都纷纷加大对云服务建设的投入。国内一大批创业企业如青云、UCloud等在逐渐崛起，行业云、城市云等具有中国特色的"云种"也在日益盛行，国内云服务市场正在步入一个更为激烈的竞争阶段。

国内大型和中小型云服务商发展云计算的先决条件不同，在未来竞争中不能置于相同地位，这导致二者必须向不同的方向发展。除了云计算服务商，还未涉足云领域的传统行业也必须加快向数字化转型。

因此，从业界角度考虑，总体的部署规划分为以下三点。

大型云服务商应积极出海

在全球云计算领域，以亚马逊的AWS、微软的Azure和谷歌的Google Cloud为代表的超大规模云计算服务商以前所未有的速度拓展全球云计算服务，尤其是抢占公有云市场。2013年年底，亚马逊宣布其AWS业务进入中国市场，当时，中国云计算企业纷纷大幅度降低云服务价格，以应对"即将到来"的竞争。

从 2013 年开始，我国云服务商也开始了全球化之路，当时主要集中在游戏、电商、视频、金融等业务。经过 3 年多的"深耕"，尤其在游戏、金融、视频等互联网企业掀起的出海大潮下，也加快了中国云计算走向全球市场的步伐。

当前，阿里云基础设施已覆盖美国东西部、新加坡、澳大利亚、德国、日本、印度、马来西亚、印度尼西亚等地。腾讯云在德国、新加坡、加拿大、美国等地也部署了数据中心。

除了注重国内市场，云服务商也要注意布阵"出海"，与亚马逊、微软等巨头争抢海外市场，而不是"闭关锁国"，将企业自生发展限制于国内。

中小云服务商应在细分行业中谋求生存

国内云计算市场均呈现出寡头垄断、强者恒强的格局。截至 2017 年上半年，国内市场阿里云一家独大，份额达到 40.67%，中国电信和腾讯紧随其后，以 UCloud 为首的大量国内云服务商仅占 38.23%（图 7.1）。

但从中国云企业可以看出，各大巨头提供的云服务存在一定程度的同质化，而用户需求千差万别，呈现多样化

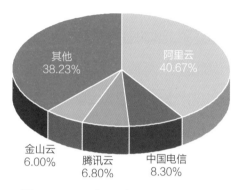

图 7.1　2017 年国内云服务市场份额

趋势，各大巨头无法满足各类用户的具体需求。随着云计算产业生态链不断完善，行业分工呈现细化趋势，从游戏云、政务云、医疗云，到 2016 年快速壮大的视频云，都体现出行业云的发展潜力。

在云计算白热化的竞争态势下，中小厂商需要瞄准用户精细化需求，提供行业云等差异化云服务，以获得竞争优势。

传统行业应利用云向数字化转型

正如马化腾所说，传统金融、教育、医疗等产业与移动互联、云计算、大数据深度融合后，将爆发出全新的生命力。

如今，对于各行各业来说，面对经济环境的不确定性、行业竞争的不断加剧、用户个性化需求的持续提升等日益复杂的因素，选择数字化转型已经成为他们的新出路。从用户互动到产品研发，从管理控制到营销服务，企业经营的方方面面几乎都需要借助于云计算等新兴技术的应用，以实现数字化转型。

IDC 对 2000 位跨国企业 CEO 做的一项调查显示，到 2018 年年底，全球有超过 50% 的大型企业拥有完善的数字化转型战略。传统行业的数字化转型也能从应用角度为云计算提供强大的发展动力。目前，不仅各行业采用云计算技术的广度在快速扩展，其应用深度也在不断增加。

传统行业在未来阶段必须把握云计算的机遇实现数字化转型，才能在未来新一轮的竞争中存活下来。

尾　声

　　到这里，本书已接近尾声，相信各位读者都对云计算的各个方面有了全面的了解：本书有官方介绍云计算的概念，也试图通过云计算的适用场景来加深读者对云计算的印象；讨论云计算本身的核心技术，云计算与大数据、物联网、人工智能等当下热门新兴技术的关系，论述了云计算的地位、作用与影响；有对云计算的发展史三个阶段的总结，分别是概念探索期的众说纷"云"、技术落地期的"高歌猛进"、应用繁荣期的"百家争鸣"；有"两源之争""三云演义""软件定义一切"这样推动世界云计算走向完善的故事，又有"云计算关键技术与系统""云计算与大数据"来促进国内云计算发展的云计划。

　　对于云计算应用，既通过行业划分来说明云计算将给传统行业带来全新生命力，又使用地域划分来详述一些国内云计算的实践应用落地；既有发展云计算带来的八大好处，也突出了发展过程中云计算面临的挑战与困境，以及如何将这些挑战转换为发展机遇；既通过"三化一提升"总结未来云计算的发展趋势，也分别从政产学研四个角度对未来云计算的发展进行规划部署。

尽管从当下看，云计算技术的发展似乎遇到了瓶颈，各界关注的重点更多地集中于大数据、人工智能、区块链等新兴技术，但不可否认的是，大多数新兴技术的发展都离不开作为底层技术的云计算的支持。从这点来看，我们仍然相信云计算技术目前的发展仅仅是冰山一角，更大的价值还藏于深海之中。至于如何如发掘、研究，这也是后继者必须要考虑的问题。

最后，感谢各位读者的阅读，希望本书能够带给读者一些关于云计算的启迪。

参考文献

第一章 云定义

[1] 云计算: 像发电厂一样改变世界 [EB/OL]. (2008-11-19) [2018-05-05]. http://www.doit.com.cn/p/38831.html.

[2] 吃货告诉你, PaaS、IaaS 和 SaaS 之间的区别 [EB/OL]. (2016-12-01) [2018-05-05]. https://www.mysubmail.com/chs/blog/view/45.

[3] ARMBRUST M. Above the clouds: a Berkeley view of cloud computing [J]. Science, 2009, 53 (4): 50-58.

[4] 中关村在线. 深度解剖云时代: 云计算的商业密码 [EB/OL]. (2012-02-03) [2018-05-05]. http://cloud.zol.com.cn/271/ 2718800.html.

[5] 腾讯科技. 李德毅: 大数据标志一个新时代的到来 [EB/

OL]. （2014-05-22）[2018-05-05]. http://tech.
qq.com/a/20140522/018398.htm.

[6] MELL P M, GRANCE T. The NIST definition of cloud
computing [M]. National Institute of Standards &
Technology, 2011.

[7] 王良明. 云计算通俗讲义 [M]. 北京：电子工业出版社,
2015.

[8] 吴朱华. 云计算核心技术剖析 [M]. 北京：人民邮电出
版社, 2011.

[9] 光通信行业发展趋势 [EB/OL]. （2017-11-22）[2018-
06-02]. http://www.pincai.com/baike/64183.html.

[10] 维克托·迈尔-舍恩伯格, 肯尼思·库克耶. 大数据时
代：生活、工作与思维的大变革 [M]. 杭州：浙江人
民出版社, 2013.

[11] 火龙果区块论. 阿里参谋长曾鸣：互联网的本质：互-联-
网 [EB/OL]. （2018-04-19）[2018-05-05]. https://
baijiahao.baidu.com/s?id=1597252415582951546&wfr
=spider&for=pc.

[12] 我是一个勺子. 物联网的三层架构 [EB/OL]. （2017-
02-27）[2018-05-05]. https://www.sohu.com/
a/127368954_426018.

［13］电子商务越来越人工智能化，看看天猫的人工智能!［EB/OL］.（2017-10-30）［2018-05-05］. http://www.sohu.com/a/201217624_100034488.

［14］智伴科技. 人工智能的三个层次：运算智能、感知智能、认知智能［EB/OL］.（2017-01-10）［2018-06-02］. https://www.jianshu.com/p/e12fbbf3abe9.

［15］动脉网. 人工智能底层技术已然成熟，中国人工智能的发展急需解绑数据和政策［EB/OL］.（2017-09-14）［2018-06-02］. https://bbs.guahao.com/topic/FsPDA134139.

第二章　云发展

［1］BHANU P THOLETI. 深入剖析 KVM 虚拟机管理程序［EB/OL］.（2011-12-23）［2018-06-02］. https://www.ibm.com/developerworks/cn/cloud/library/cl-hypervisorcompare-kvm/.

［2］OpenStack［EB/OL］.［2018-06-02］. https://docs.openstack.org/queens/.

［3］2015 年云计算产业白皮书：云计算市场四大热点预测［EB/OL］.（2015-05-22）［2018-06-02］. http://www.eepw.com.cn/article/274575.htm.

［4］2018 年中国云计算市场规模预测及行业发展趋势［EB/

OL］.（2018-02-26）［2018-06-02］. https://www.
sohu.com/a/224186000_784757.

［5］黄罡，刘譞哲，张颖. 面向云－端融合的移动互联网
应用运行平台［J］. 中国科学：信息科学，2013（1）：
24-44.

第三章 云世界

［1］有且仅有. 开源软件发展史［EB/OL］.（2016-05-03）
［2018-06-02］. https://blog.csdn.net/u010297957/
article/details/51303983.

［2］孙宇熙. 云计算与大数据［M］. 北京：人民邮电出版社，
2016.

［3］金芝，周明辉，张宇霞. 开源软件与开源软件生态：现
状与趋势［J］. 科技导报，2016，34（14）：42-48.

［4］云爆发是什么［EB/OL］.［2018-06-02］. https://azure.
microsoft.com/zh-cn/overview/what-is-cloud-
bursting/.

［5］T客汇. 报告：公有云与私有云优劣对比分析［EB/
OL］.（2017-04-26）［2018-05-05］. http://www.
cniteyes.com/archives/31655.

［6］至顶网. 云计算技术演进：从虚拟化到软件定义［EB/
OL］.（2016-04-01）［2018-05-05］. http://server.

zhiding.cn/server/2016/0401/3075109.shtml?utm_
source=tuicool&utm_medium=referral.

［7］梅宏：软件定义的时代［EB/OL］.［2018-05-05］.
http://news.sciencenet.cn/htmlnews/2017/6/380886.
shtm.

［8］云计算. 2017全球十大云计算平台市场占有率排行榜
［EB/OL］.（2017-12-29）［2018-06-02］. http://
baijiahao.baidu.com/s?id=1588088058422838053&wfr=
spider&for=pc.

［9］Amazon AWS［EB/OL］.［2018-06-02］. https://
aws.amazon.com/cn/?nc2=h_lg.

［10］Microsoft Azure［EB/OL］.［2018-06-02］. https://
www.azure.cn/zh-cn/.

［11］Google Cloud［EB/OL］.［2018-06-02］. https://
cloud.google.com.

［12］谷歌官方宣布AI中国中心成立［EB/OL］.（2017-12-
13）［2018-06-02］. http://tech.sina.com.cn/roll/
2017-12-13/doc-ifypsvk p2460394.shtml.

［13］IBM Cloud［EB/OL］.［2018-06-02］. https://www.
ibm.com/cloud/.

［14］IBM Cloud Private 架构图［EB/OL］.［2018-06-02］.

https://www-01.ibm.com/common/ssi/cgi-bin/
ssialias?htmlfid=GMW14129 CNZH&.

第四章　云中国

[1] CNNIC. 第 41 次中国互联网络发展状况统计报告 [EB/
OL].（2018-03）[2018-06-02]. http://www.cnnic.
net.cn/hlwfzyj/hlwxzbg/hlwtjbg/201803/
P020180305409870339136.pdf.

[2] 滴滴. 2017 年度城市交通出行报告 [EB/OL]. [2018-
06-02]. http://index.caixin.com/upload/didi2017.pdf.

[3] HAI JIN, HAIBO CHEN, HONG GAO, XIANGYANG
LI. Cloud infrastructure in China [J]. Communications
of the Acm, 2018.

[4] 腾讯. 2017 微信春节数据报告 [EB/OL].（2017-02-
03）[2018-06-02]. http://tech.qq.com/a/20170203/
010341.html.

[5] 中国电子商务研究中心. 2017 年"双十一"电商平台
大促评测报告 [EB/OL].（2017-11）[2018-06-02].
http://www.100ec.cn/zt/upload_data/17sh11bg.pdf.

[6] China railway site sees 5.93 billion clicks per hour as
busiest travel season starts [EB/OL].（2018-01-06）
[2018-06-02]. https://technode.com/2018/01/16/

chunyun-data/.

［7］极光大数据. 2017年手机游戏市场研究报告［EB/OL］. （2018-02-06）［2018-06-02］. https://community. jiguang.cn/t/topic/24810.

［8］极光大数据. 王者荣耀研究报告［EB/OL］. （2017-06-14）［2018-06-02］. https://www.jiguang.cn/reports/72.

［9］中华人民共和国工业和信息化部. 云计算发展三年行动计划（2017—2019年）［J］. 电子政务，2017（4）：93-94.

［10］中华人民共和国科学技术部."十二五"国家科技计划信息技术领域2013年度备选项目征集指南［EB/OL］.［2018-05-05］. http://program.most.gov.cn/htmledit/A3CC8F5A-042C-107E-01C9-D8102F21-BEB0.html.

［11］中华人民共和国科学技术部. 国家高技术研究发展计划（863计划）2015年度项目申报指南［EB/OL］.（2014-02-20）［2018-05-05］. http://program.most.gov.cn/htmledit/639A0448-5482-4F63-42C4-95368125A2F8.html.

［12］中华人民共和国科学技术部.《关于深化中央财政科

技计划（专项、基金等）管理改革的方案》政策解读
［EB/OL］．（2015-01-07）［2018-05-05］．http://
www.most.gov.cn/ztzl/shzyczkjjhglgg/zcjd/201501/
t20150107_117295.htm.

［13］国家重点研发计划"云计算和大数据"重点专项［EB/
OL］．［2018-05-05］．http://www.most.gov.cn/.
kjbgz/201609/t20160920_127797.htm.

［14］慧天地．2017年度国家重点研发计划"云计算和大
数据"重点专项拟立项项目公示［EB/OL］．（2017-
08-29）［2018-05-05］．https://www.sohu.com/
a/167980164_650579.

［15］中国电信云计算实验室．IDC 2017中国云计算市场排名
［EB/OL］．（2017-11-02）［2018-05-05］．http://
www.sohu.com/a/201780040_472868.

［16］Aliyun［EB/OL］．［2018-06-02］．https://www.
aliyun.com.

［17］阿里云头条．阿里Q3财报：阿里云规模连续第7个季
度翻番［EB/OL］．（2017-01-24）［2018-05-05］．https://
yq.aliyun.com/articles/69137?spm=5176.7920205.419
891.1.642b7a65kxKUAt.

［18］第一财经．阿里云占中国公共云市场50%份额［EB/

OL］.（2016-12-14）［2018-05-05］. http://www.
yicai.com/news/5182656.html.

［19］云计算市场"3A"格局初现［EB/OL］.［2018-05-
05］. http://news.163.com/16/0130/01/BEHRTMHB
00-014Q4P.html.

［20］阿里云云盾. 2015 年下半年云盾互联网 DDoS 状态和
趋势报告［EB/OL］.（2016）［2018-05-05］. http://
yundunddos-help.oss-cn-hangzhou.aliyuncs.com/%E
4%BA%91%E7%9B%BE%E4%BA%92%E8%81%94%E
7%BD%91DDoS%E7%8A%B6%E6%80%81%E5%92%8
C%E8%B6%8B%E5%8A%BF%E6%8A%A5%E5%91%
8A-2015H2-Final%20Version.pdf.

［21］环球网. 微博除夕日活达 1.34 亿借阿里云化解流量洪峰
［EB/OL］.（2016-02-08）［2018-05-05］. http://
tech.sina.com.cn/i/2016-02-08/doc-ifxpfhzk9126199.
shtml.

［22］天翼云［EB/OL］.［2018-06-02］. http://www.ctyun.
cn/.

［23］腾讯云［EB/OL］.［2018-06-02］. https://cloud.tencent.
com.

［24］华为云［EB/OL］.［2018-06-02］. https://www.huawei

cloud.com.

［25］百度云［EB/OL］.［2018-06-02］. https://cloud.baidu.
com.

［26］网易云［EB/OL］.［2018-06-02］. https://www.163yun.
com/.

［27］站长之家. 网易云业界首推"场景化云服务"和"专属
云"［EB/OL］.（2017-08-18）［2018-05-05］. http://
www.chinaz.com/news/2017/0818/797332.shtml.

［28］UCLOUD［EB/OL］.［2018-06-02］. https://www.
ucloud.cn.

［29］阿里云. Gartner 2017 年 IaaS 魔力象限：阿里云强势崛
起［EB/OL］.（2017-06-16）［2018-05-05］. https://
yq.aliyun.com/articles/104407?t=t1.

［30］电科技. UCloud 的出海之路［EB/OL］.（2018-03-11）
［2018-05-05］. http://www.diankeji.com/news/
31355.html.

第五章　云应用

［1］赛迪顾问. 中国政府云计算应用战略研究［EB/OL］.
（2012-05）［2018-05-05］. http://www.chinacloud.
cn/upload/2012-05/ 12051808013090.pdf.

［2］云管家. 中软国际助力河南政务云获得一致好评！［EB/

OL］.（2017-11-27）［2018-05-05］. http://www.sohu.com/a/206837555_100074450.

［3］孟卫东，佟林杰. 我国云教育发展的挑战与策略研究［J］. 保定学院学报，2014（1）：93-97.

［4］王秀梅. 云计算在医疗行业的应用 & 医疗云可信选型评估标准发布［EB/OL］.（2017-07-25）［2018-05-05］. http://zt.kexinyun.org/trucs2017/pdf/25/04/wxm.pdf.

［5］深信服科技. 云 IT 成功故事：济南市第二人民医院建"医疗云"，高门诊量不再是难题［EB/OL］.（2017-09-14）［2018-05-05］. https://www.sohu.com/a/191995066_244641.

［6］赛诺杰交通信号灯. 我国城市交通的现状以及面临的问题［EB/OL］.（2017-08-16）［2018-05-05］. http://www.sohu.com/a/165040360_397012.

［7］DOIT. Google 的云计算平台解析［EB/OL］.（2010-09-06）［2018-05-05］. http://www.doit.com.cn/p/66938.html.

［8］南洋. 光明日报：电子商务云平台的建设与应用［EB/OL］.（2015-12-26）［2018-05-05］. http://theory.people.com.cn/n1/2015/ 1226/c40531-27979533.html.

［9］TMO GROUP. 未来已来：国际电商发展进入云时代

[EB/OL].（2017-04-10）[2018-05-05]. https://
www.tmogroup.com.cn/tuoguan/30217/.

[10] 慧云信息 [EB/OL].[2018-05-05]. http://www.
tcloudit.com.

[11] 郭敏. 虚拟现实 VR 遇上云计算 将是怎样的情缘 [EB/
OL].（2016-04-15）[2018-05-05]. http://cloud.
idcquan.com/yzx/87853.shtml.

[12] 亿欧. 深度揭秘菜鸟物流云 [EB/OL].（2017-01-16）
[2018-06-02]. https://www.sohu.com/a/124415172_
115035.

[13] 菜鸟物流云 [EB/OL].[2018-05-05]. https://cloud.
cainiao.com/.

[14] 北京"祥云工程"行动计划 [EB/OL].（2014-07）
[2018-05-05]. http://www.zgccyy.gov.cn/html/
2014-07/zy638_273.html.

[15] 刘锟."云海计划 3.0"启动 [EB/OL].（2017-01-19）
[2018-05-05]. http://www.jfdaily.com/news/detail?
id=42781.

[16] 深圳启动"鲲云计划"[EB/OL].（2011-08）[2018-
05-05]. http://www.siat.ac.cn/xwzx/mtbd/201108/
t20110804_3319483. html.

［17］广州市政府. 关于印发《关于加快云计算产业的发展行动计划（2011—2015 年）》的通知［EB/OL］.（2012-01-17）［2018-05-05］. http://zwgk.gz.gov.cn/GZ05/2.1/201201/987316.shtml.

［18］中共湖北省委统一战线工作部. 云上贵州［EB/OL］.（2017-08-18）［2018-05-05］. http://www.hbtyzx.gov.cn/index.php?m=content&c=index&a=show&catid=54&id=34683.

［19］雷锋网. 阿里王坚：城市大脑绝不是一个人工智能应用［EB/OL］.（2018-01-28）［2018-05-05］. https://www.leiphone.com/news/201801/Tq8Ro3FATTzMhy0a.html.

［20］无锡国家高新技术产业开发区管理委员会. 城市云脑计划白皮书［EB/OL］.（2017-09-06）［2018-06-02］. http://cn.bizwnd.com/pdf/20170906-2c.pdf.

［21］华龙网. 在"云端"创未来重庆"云端计划"结出硕果［EB/OL］.（2016-11）［2018-05-05］. http://yc.cqnews.net/html/2016-11/04/content_39308942.html.

［22］成都云计算中心［EB/OL］.［2018-06-02］. http://www.cdcloud.org/index.faces.

第六章　云未来

［1］中华人民共和国科学技术部. 云际计算阶段成果："数据交易安全屋"产品发布［EB/OL］.（2017-07-13）［2018-05-05］. http://www.most.gov.cn/kjbgz/201707/t20170712_134040.htm.

［2］云计算耗电惊人占全球用电量的8%［EB/OL］.［2018-05-05］. http://www.chinacloud.cn/show.aspx?id=16536&cid=11.

［3］施巍松，孙辉，曹杰，等. 边缘计算：万物互联时代新型计算模型［J］. 计算机研究与发展，2017（5）：907-924.

第七章　云机遇

［1］DOIT. Gartner：2017年全球公有云服务市场规模将增长18%［EB/OL］.（2017-02-24）［2018-05-05］. http://www.doit.com.cn/p/266911.html.

［2］云计算挑战与机遇并存，需抓住机遇推动健康发展［EB/OL］.［2018-05-05］. http://cloud.chinabyte.com/495/13782495.shtml.

［3］中国电信云计算实验室. 云计算的趋势：云计算与新兴技术的结合［EB/OL］.（2017-11-13）［2018-06-02］. http://www.sohu.com/a/204055868_472868.

［4］金融时代网. 云计算未来的机遇和挑战［EB/OL］.

（2017-03-28）［2018-06-02］. http://www.sohu.com/

a/130751858_499199.

［5］李克强：促进大数据、云计算、物联网广泛应用［EB/

OL］.（2016-03）［2018-06-02］. http://www.cac.

gov.cn/2016-03/ 05/c_1118241578.htm.

［6］《云计算发展三年行动计划（2017—2019 年）》解读

［EB/OL］.［2018-06-02］. http://www.miit.gov.cn/

n1146295/n1146562/n1146655/c5570703/content.html.

［7］徐国庆. 面向云计算的创新人才培养实践［J］. 吉林省

教育学院学报（下旬），2013, 29（3）：12-13.